ISSN 0365 - 6470

ABHANDLUNGEN DER SÄCHSISCHEN AKADEMIE
DER WISSENSCHAFTEN ZU LEIPZIG

Mathematisch-naturwissenschaftliche Klasse
Band 54 · Heft 3

DIETRICH UHLMANN

KÜNSTLICHE ÖKOSYSTEME

Mit 17 Abbildungen und 2 Tabellen

AKADEMIE-VERLAG · BERLIN

1980

Vorgetragen in der Sitzung am 10. Oktober 1977
Manuskript eingeliefert am 10. Januar 1978
Druckfertig erklärt am 14. Mai 1980

Erschienen im Akademie-Verlag, DDR - 1080 Berlin, Leipziger Straße 3—4

Lizenznummer: 202 · 100/78/80
Gesamtherstellung: VEB Druckhaus „Maxim Gorki", 7400 Altenburg
Bestellnummer: 762 748 4 (2025/54/3) · LSV 1375
Printed in GDR
DDR 5,50 M

INHALT

Künstliche Ökosysteme 5

1. Die Manipulation natürlicher Ökosysteme 6

2. Anthropogene Ökosysteme 11

3. Grundlagen der Planung und Bewirtschaftung künstlicher Ökosysteme 15
   - a) Die Tiefe des Gewässers 19
   - b) Die mittlere Verweilzeit des Wassers 21
   - c) Belastung mit organischen Substanzen oder Nährstoffen 23
   - d) Unterteilung des Gesamtvolumens in Kompartimente 25

4. Ausblick 29

Literatur 33

KÜNSTLICHE ÖKOSYSTEME

Die Verwendung des Wortes „künstlich“ im Deutschen ist nicht so eindeutig, als daß nicht das ausgewählte Thema einer Erläuterung bedürfte. In Analogie zu „Kunstharz“ oder „Kunstdünger“ könnte man darunter ein *synthetisches* System verstehen, das durch Zusammenfügung seiner Elemente, also gewissermaßen nach dem Baukastenprinzip, geschaffen werden kann. Ein derartiges Ökosystem läßt sich tatsächlich im Labor durch Kombination verschiedener Arten von Mikroorganismen, grünen Pflanzen und Tieren verwirklichen. Ein weiteres Beispiel eines synthetischen Ökosystems wäre eine Raumkapsel mit einem weitgehend geschlossenen Stoffkreislauf zwischen den sauerstoffproduzierenden Pflanzen und dem Menschen (Jazdovski 1976).

Im folgenden soll jedoch ausschließlich die Rede sein von *anthropogenen* Ökosystemen. Da sind, ebenso wie natürliche Ökosysteme, *sich selbst erhaltende* Ensembles aus Organismengemeinschaften und den zugehörigen Umweltbedingungen. Sie verfügen über die Fähigkeit der Selbstregulation und Selbstorganisation. Ein solches System strebt auch nach Störungen immer wieder einen Stationärzustand an, wie er im allgemeinen Sprachgebrauch als „biologisches Gleichgewicht“ bezeichnet wird. Als Beispiel für ein anthropogenes Ökosystem sei die Talsperre genannt. Sie stellt einen vom Menschen geschaffenen See dar.

Im Rahmen dieses Vortrages sollen folgende Fragen näher behandelt werden:

— Wie weit ist beim heutigen Kenntnisstand der Mensch in der Lage, die Naturvorgänge voll zu beherrschen und dabei natürliche Ökosysteme durch zumindest gleichwertige oder sogar bessere künstliche Systeme zu ersetzen?
— Welche Möglichkeiten gibt es, und welche Grenzen sind dabei gesetzt, für technische Eingriffe in natürliche Ökosysteme?
— Planung anthropogener Ökosysteme, am Beispiel künstlicher Gewässer, die als biochemische Reaktoren dienen.

Zur ersten Frage, der vollen Beherrschung der Naturprozesse durch den Menschen, hat sich, bezugnehmend auf die industrielle Revolution vor mehr als 100 Jahren, Friedrich Engels folgendermaßen geäußert: „Schmeicheln wir uns indes nicht zu sehr mit unseren menschlichen Siegen über die Natur. Für jeden solchen Sieg rächt sie sich an uns. Jeder hat in erster Linie zwar die Folgen, auf die wir gerechnet, aber in zweiter und dritter Linie hat er ganz andere unvorhergesehene Wirkungen, die nur zu oft jene ersten Folgen wieder aufheben. Und so werden wir mit jedem Schritt daran erinnert, daß wir keinesfalls die Natur beherrschen, wie ein Eroberer ein fremdes Volk beherrscht, wie jemand, der außer der Natur steht, sondern daß wir ihr angehören ... und daß unsere ganze Herrschaft über sie darin besteht, im Vorzug vor allen anderen Geschöpfen ihre Gesetze erkennen und richtig anwenden zu können“.

Trotz der unerhörten Zunahme des Wissens gerade auch auf dem Gesamtgebiet der Naturwissenschaften und der Technik hat sich an der Gültigkeit dieser Schlußfolgerungen noch nicht viel geändert. Zweifellos zeitigt der Eingriff des Menschen in den Naturhaushalt bereits Fernwirkungen, wie die durch großflächige Entwaldungen hervorgerufene Änderung des Wasserhaushaltes und des Klimas, die zumindestens ganze Regionen betreffen können. In diesem Zusammenhang ist auch die starke Qualitätsverschlechterung ganzer Meere wie etwa der Ostsee zu nennen.

Aber andererseits ist die Komplexität der natürlichen Ökosysteme so unerhört groß, daß wir auch jetzt noch ziemlich am Anfang stehen in der Kenntnis und modellmäßigen Nachbildung der maßgebenden Kausalbeziehungen. Schon die ausgesprochen eleganten Lösungen, welche die Natur für die Lösung von Stabilitätsproblemen bei Ökosystemen gefunden hat, lassen sich mit den z. Zt. verfügbaren Ansätzen noch nicht einmal näherungsweise richtig beschreiben. Entsprechendes gilt auch für eine Vorhersage der Folgen technischer Eingriffe. Maßnahmen einer Steuerung von Ökosystemen bedienen sich noch weitgehend der Methode des Versuches und Irrtums.

Noch relativ gut beherrschbar sind die vom Menschen bereits weitgehend umgestalteten oder neu geschaffenen Ökosysteme wie z. B. große Stauseen oder landwirtschaftliche Nutzflächen (vgl. LUKAŠEV u. VADKOVSKAJA 1976). Wenn in diesem Zusammenhang oft davon die Rede ist, es sei möglich und notwendig, die Unzulänglichkeiten der Natur zu überwinden, etwas Besseres zu schaffen, wie ja die Bezeichnung „Melioration" besagt, so setzt ein derartiger Vergleich voraus, daß die natürlichen Ökosysteme auch eine vergleichbare Zielfunktion besitzen. Das aber ist offensichtlich nicht der Fall. Die natürlichen Ökosysteme haben andere Optimalitätskriterien. Sie verfügen z. B. über eine zum Teil hunderte Millionen Jahre umfassende „Betriebserfahrung" in der Kreislaufnutzung von Nährstoffen. Gleichzeitig wird ihre gesamte Stoffwechselmaschinerie mit geringstmöglichem Energieaufwand betrieben. Die zahlreichen Verknüpfungen und Rückführungen tragen wahrscheinlich wesentlich zur Stabilität derartiger Systeme bei (Abb. 1). Das Vorhandensein eines geschlossenen Stoffkreislaufes bedeutet aber nichts anderes, als daß aus einem solchen System kaum etwas *geerntet* werden kann!

Es geht im übrigen z. Zt. auch keineswegs darum, etwa ein System von der Komplexität eines tropischen Regenwaldes „nachbauen" zu wollen. Allein die „Erprobung" würde Jahrhunderte beanspruchen, da sich die kleinen Zeitkonstanten eines solchen Systems als begrenzender Faktor erweisen. Auf dieser Strecke verfügen Naturwissenschaft und Technik überhaupt noch nicht über die Voraussetzungen, etwas Gleichwertiges schaffen zu können. Die anthropogenen Ökosysteme sind aber in der Hinsicht „besser" als die natürlichen, daß sie absolut notwendig sind für die Versorgung und Ernährung von 4 Milliarden Menschen. Anthropogene Hochleistungs-Ökosysteme sind, stofflich gesehen, *offen*, daher gekennzeichnet durch einen hohen Produktionsausstoß, der aber fast immer verbunden ist mit gleichzeitigem Export von Abfallprodukten (Abb. 2). Behandelt werden sollen im folgenden nur solche anthropogenen Ökosysteme, welche immerhin noch so komplex sind, daß sie über die Fähigkeit der Selbstregulation verfügen. Demnach werden die industrialisierten Produktionsmethoden der Landwirtschaft, die überwiegend der Förderung *einzelner* Arten dienen, im weiteren ebenso wenig berücksichtigt wie z. B. die automatisierten Gewächshäuser oder die Intensivhaltung von Haustieren.

1. Die Manipulation natürlicher Ökosysteme

Zwischen einer Manipulation natürlicher und der Nutzung künstlicher Ökosysteme gibt es zahlreiche Übergänge (Tab. 1). Unabhängig davon, ob ein Ökosystem der Entstehung nach natürlich oder anthropogen ist, steigt der Ertrag im allgemeinen mit der Bewirt-

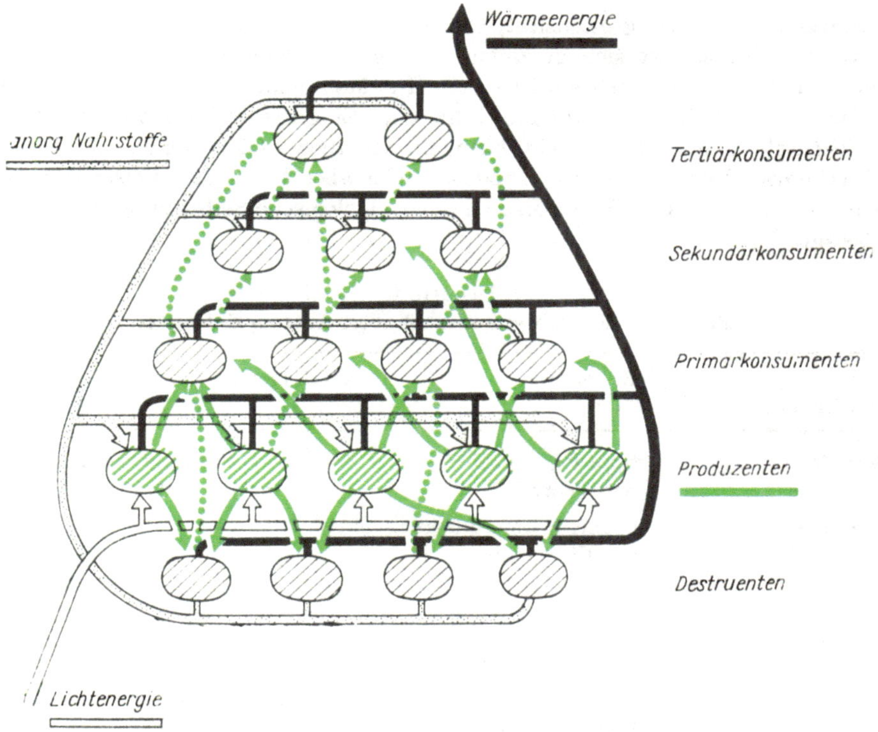

Abb. 1. Schema des Stoff- und Energietransportes in einem artenreichen natürlichen Ökosystem. Von jedem der fünf trophischen Niveaus Λ_1 bis Λ_5 sind jeweils nur einige Arten eingezeichnet. Während die durch Photosynthese gebundene Sonnenenergie durch Atmungs- und Abbauprozesse in Wärme umgesetzt wird und dadurch verlorengeht, können die als Stoffwechselprodukte anfallenden Nährstoffe (vor allem Kohlendioxid, Ammonium, Orthophosphat) wieder für die photosynthetische Produktion genutzt werden.

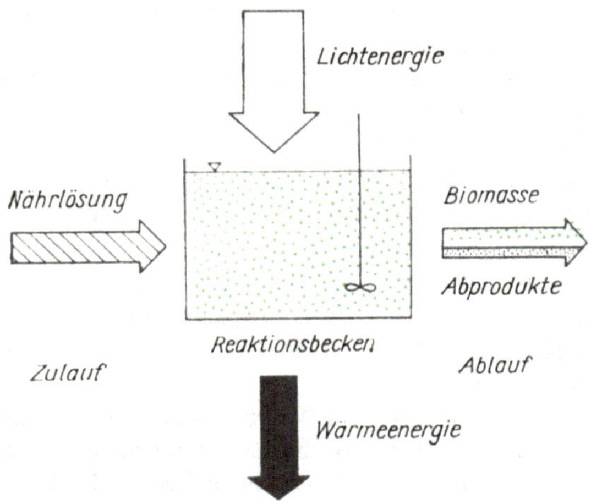

Abb. 2. Schema eines Hochleistungs-Ökosystems (Algen-Massenkultur) mit fehlender Kreislaufnutzung der Nährstoffe und hohem „Produktionsausstoß“.

schaftungs- bzw. Nutzungsintensität, Gleichzeitig ändert sich auch die Struktur. Sie wird vereinfacht, ändert sich zugunsten weniger schnellwüchsiger Arten, wenn die Nutzungsintensität sehr hoch wird (Abb.3). Die Manipulation natürlicher Ökosysteme stellt die erste Stufe in der Hierarchie technischer Eingriffe und Steuerungsmaßnahmen dar. Die Zielstellung hierbei besteht darin, ein natürliches Ökosystem so „anzuzapfen", daß bestimmte Überschüsse bzw. Produkte oder aber bestimmte Leistungen genutzt werden können, wie das z. B. die Bezeichnung „biologische Selbstreinigung der Gewässer" besagt.

Tabelle 1

Einteilung der Ökosysteme nach ihrer Nutzungsintensität

Grad der Bewirtschaftung	Beispiele	biol. Struktur
— ohne B.	trop. Regenwald Korallenriff	viele hochspezialisierte, langsamwüchsige Arten
— extensiv	Grünland ohne Düngung und mit Mähnutzung Seen, Meere Flüsse Erholungsgebiete Naturschutzgebiete	
— intensiv	Feldwirtschaft Holzplantagen Karpfenintensivwirtschaft Belebtschlammbecken Tropfkörper	wenige verbreitete, schnellwüchsige Arten

Im einfachsten Falle bleibt der Materialtransport in das System hinein unverändert, aber es werden zusätzliche physikalische Strukturen eingebaut (Abb. 4). Ansatzflächen für Austern, die in Form von Rosten oder Gittern an Schwimmkörpern befestigt werden können, sind zunächst weitgehend unerreichbar für Seesterne und andere an dem Meeresboden gebundene räuberisch lebende Tiere. Sie gestatten eine zusätzliche Nutzung des Planktonreichtums von Meeresbuchten. Hierdurch sind Erträge an Austern bis etwa 5 kg/m² · a oder an anderen Muscheln sogar bis 50 kg/m² · a möglich. In Indonesien werden Bambuskäfige mit jungen Karpfen unterhalb von Einleitungen häuslicher Abwässer in Fließgewässern mit hohem Sauerstoffeintrag exponiert (KORRINGA 1976). Das reiche Angebot an organischen Sinkstoffen ermöglicht eine Massenentwicklung von Fisch-Nährtieren im Bodensediment. Durch anschließende Hälterung in nicht abwasserbelasteten Teichen kann eine hygienisch einwandfreie Beschaffenheit erzielt werden. Bei diesem Verfahren wird das Gefälle des Flusses sowohl für den Nachschub an Nahrungsstoffen als auch an Sauerstoff genutzt.

In anderen Fällen dienen nur die hohe Wärmekapazität und der starke Auftrieb im Wasser dazu, Kosten für den Bau von Großbehältern für die Massenkultur von Planktonalgen zu sparen. Als Material genügen starkwandige, mikrobiell schwer angreifbare Kunststoff-Folien (Abb. 4c). — Der für die Haltung von Lachsfischen im Tiefenwasser thermisch geschichteter Seen erforderliche hohe Sauerstoffgehalt kann durch geeignete

Belüftungseinrichtungen gewährleistet werden, ohne daß sich der Wasserkörper vollständig durchmischt und dadurch zu stark erwärmt. Umgekehrt gibt es Anlagen zur Massenkultur von Phytoplanktern (als Grundlage für die Mast von Krebsen und Fischen), die das nährstoffreiche Tiefenwasser tropischer und subtropischer Meere hochpumpen, das sonst auf Grund der stabilen thermischen Schichtung nicht in das obere Stockwerk gelangt (Othmer and Roels 1976).

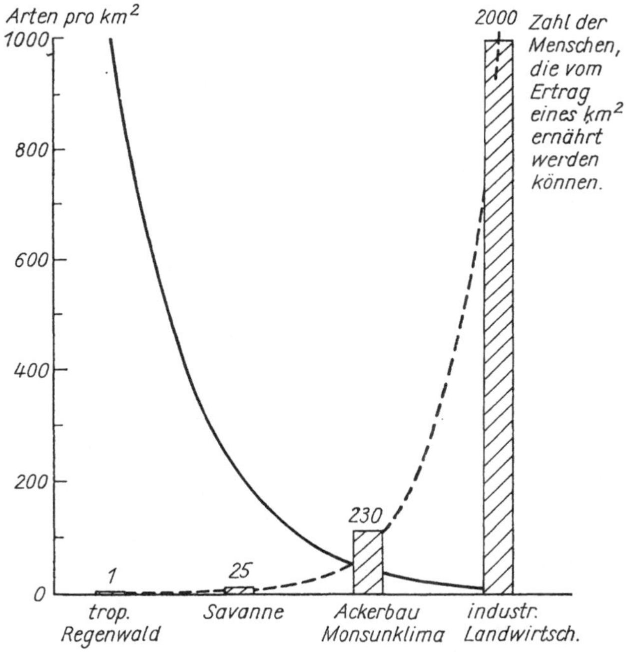

Abb. 3. Einfluß einer zunehmenden Bewirtschaftungsintensität auf den potentiellen Ertrag (an stärkehaltigen Nahrungsmitteln bzw. an Rohstoffen) repräsentativer Land- Ökosysteme (gestrichelte Kurve). Zahlenangaben nach Hasler (1972).

Ausgezogene Kurve: Abhängigkeit der Gesamtartenzahl von der Bewirtschaftungsintensität (geschätzte Werte; trop. Regenwald: vgl. Farnworth a. Golley (1973), p. 76).

Während bei den bisher genannten extensiven Verfahren nur Überschüsse natürlicher Ökosysteme abgeerntet werden, ist eine intensive Nutzung, etwa die Nutzkäfighaltung von Forellen, mit einer Veränderung des Materialimportes, nämlich einer Zufütterung, verbunden. Dem erhöhten Import entspricht nicht nur eine erhöhte Produktion von Fischfleisch, sondern auch eine erhöhte Belastung des umgebenden Gewässers mit Abfallprodukten, nämlich sauerstoffzehrenden organischen Substanzen wie z. B. Futterresten, sowie Pflanzennährstoffen, die zu einer Erhöhung des Phytoplanktonwachstums und damit ebenfalls zu einer verringerten Stabilität des Sauerstoffhaushaltes beitragen. Da es sich dabei zum Teil um Langzeitwirkungen handelt, müssen diese von vornherein bei der Planung mit berücksichtigt und durch geeignete Eingriffe in den Stoffhaushalt des Gewässers kompensiert werden. Dies gilt in erster Linie für die Exposition von Netzkäfigen in stehende Gewässer, bei großen Fließgewässern ist die Belastbarkeit weitaus

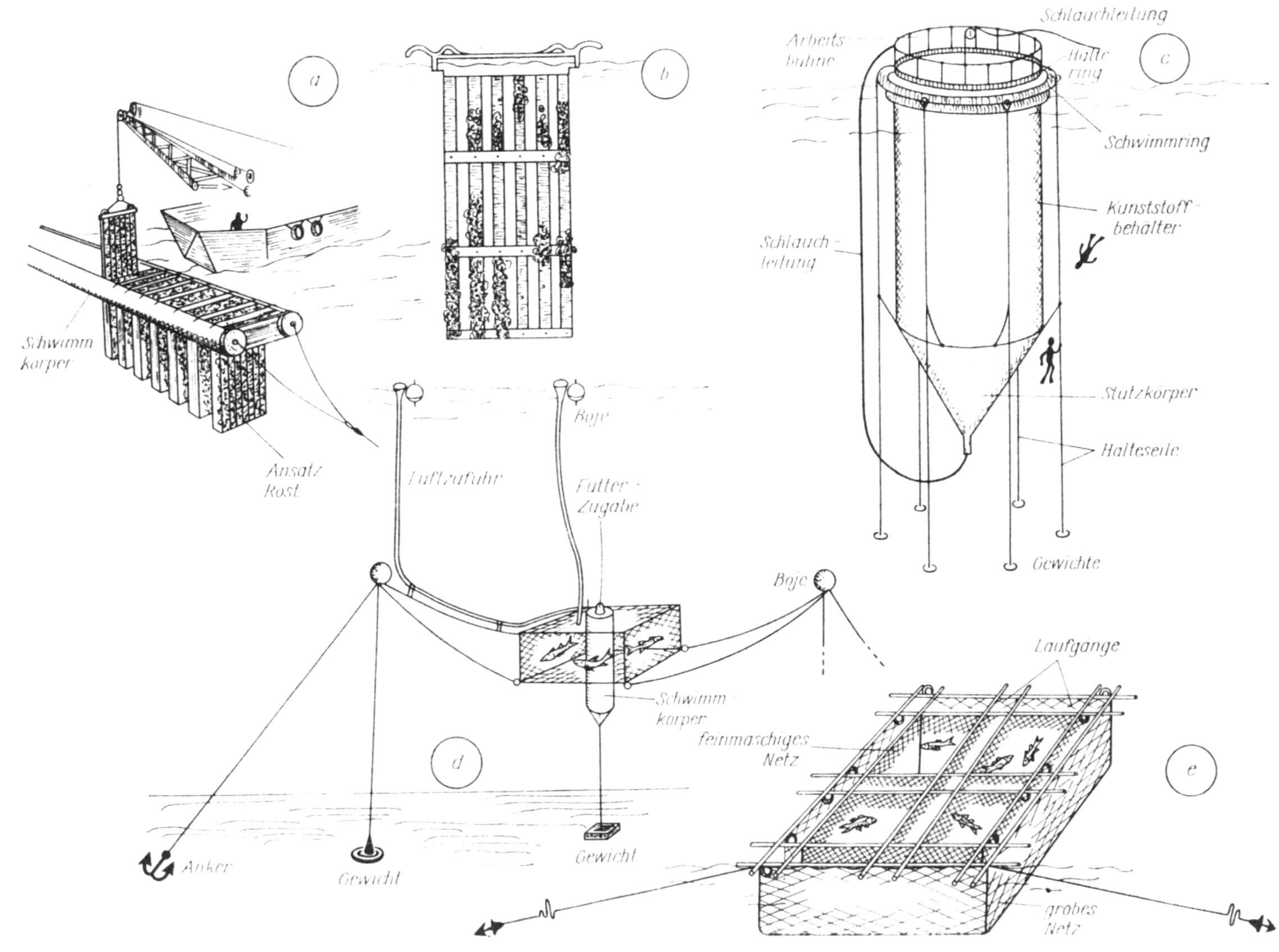
a
Schwimmkörper
Ansatz Rost
b
c
Schlauchleitung
Arbeitsbühne
Halte ring
Schwimmring
Kunststoff-behälter
Schlauch-leitung
Stützkörper
Halteseile
Gewichte
d
Luftzufuhr
Boje
Futter-Zugabe
Boje
Schwimmkörper
Anker
Gewicht
Gewicht
e
Laufgänge
feinmaschiges Netz
grobes Netz

höher. — Unvorhergesehene Nebenwirkungen können sich auch bei einer Abtrennung von Meeresbuchten einstellen. Werden die Zirkulationsverhältnisse so weit verändert, daß sich eine chemische Schichtung mit Sauerstoffschwund im Tiefenwasser ausbildet, kann es zu einem völligen Verlust der Nutzungsmöglichkeiten kommen.

Einer Manipulation, d. h. besonderer Bewirtschaftungs- und Pflegemaßnahmen, bedarf oftmals auch die Erhaltung des normalen Status von Naturschutzgebieten und Klarwasserseen in hochindustrialisierten Ländern. Beispielsweise stellen Orchideenwiesen Halbkulturformationen dar, die zwar einerseits gesetzmäßig verschwinden, wenn sie dem Einfluß von Meliorationsmaßnahmen oder von Mineraldüngern, Pflanzenschutz- und Schädlingsbekämpfungsmitteln ausgesetzt sind, deren Erhaltung aber andererseits an eine extensive Bewirtschaftung, nämlich eine einmalige Mahd pro Jahr, gebunden sind. Ganz Entsprechendes gilt auch für artenreiche Trockenwiesen, die sonst einer schnellen „Verbuschung" unterliegen.

2. Anthropogene Ökosysteme

Die vom Menschen geschaffenen Ökosysteme können sich sowohl nach der Art als auch dem Ausmaß der Bewirtschaftung stark voneinander unterscheiden, lassen sich aber alle in eine der drei folgenden Kategorien einordnen:

a) Systeme, für die der Mensch nur das Areal zur Verfügung stellt, ohne den Stoffumsatz zu beeinflussen. Hierzu gehören z. B. neu entstandene Seen und terrestrische Ökosysteme in Bergbaufolgelandschaften. Auf Grund der Nährstoffarmut des Wassers bzw. des geologischen Untergrundes können sich hier mit der Zeit verhältnismäßig artenreiche Organismengemeinschaften ausbilden, in denen die Gesamtmenge des in der Zeiteinheit verbrauchten bzw. abgebauten organischen Materials ihrer Bildung durch Photosynthese die Waage hält. Ein solches Gleichgewicht, bezogen auf einen Zeitmaßstab von mindestens einem Jahr, ist auch kennzeichnend für natürliche Klarwasserseen sowie für Organismengemeinschaften nährstoffarmer Böden. Es liegt auf der Hand, in solchen Arealen neue Naturschutzgebiete zu schaffen, da sie u. U. sehr zahlreichen Tier- und Pflanzenarten Existenzbedingungen bieten.

   Zu den anthropogenen Ökosystemen, die einen besonders großen Artenreichtum an Sumpf- und Wasservögeln aufweisen, gehören auch manche Rieselfelder, also Anlagen der großräumigen Abwasserbehandlung. — Demnach können durch den Einsatz der Technik auch ausgesprochen artenreiche Ökosysteme geschaffen bzw. erhalten werden (vgl. Abb. 5).

←

Abb. 4. Beispiele für den Einbau zusätzlicher Strukturen in natürliche Ökosysteme im Interesse der Gewinnung von Biomasse.

a) Anordnung von Ansatzflächen für Austernkulturen. Nach HANSON (1974), verändert
b) Teilansicht eines Ansatzrostes
c) Schema eines Kunststofftanks (Plastikfolie) zur Kultur von Phytoplankton oder Zooplankton. Nach GRICE and assoc. (1977), verändert
d) Unterwassernetzkäfig zur Fischhaltung. Nach SAKAE aus HANSON (1974), nicht maßstäblich, verändert
e) Doppelwandnetzkäfig zur Fischhaltung in Küstengewässern. Nach HANSON (1974), verändert

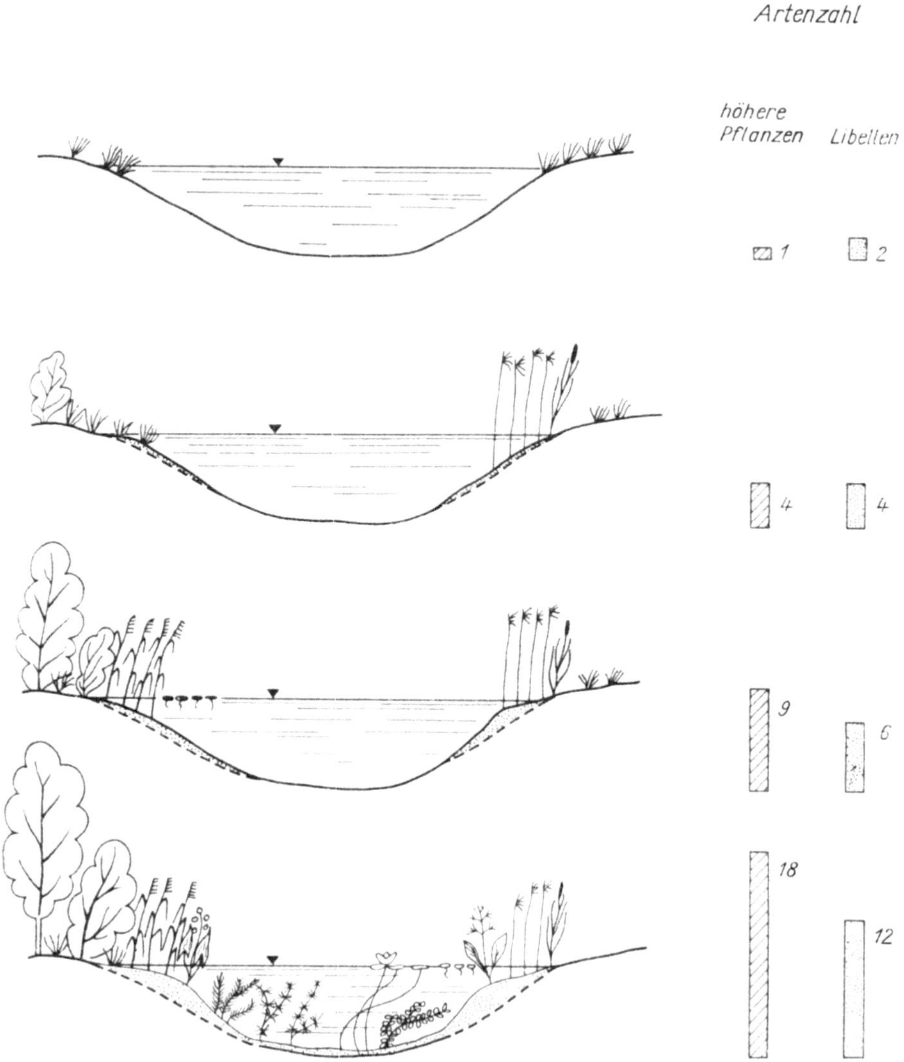

Abb. 5. Entwicklung eines kleinen Baggertümpels zu einem artenreichen Gewässer, das z. B. als Anschauungsobjekt für den Biologieunterricht genutzt werden kann. Ansiedlung der Pflanzen zunächst auf natürlichem Wege, später auch künstliche Ansiedlung standortgemäßer Arten. Anstieg der Artenzahl von Wasserinsekten (am Beispiel der Libellen) in Abhängigkeit von der Entfaltung der Vegetation. Nach PRETSCHER (1976), verändert.

b) Hochleistungssysteme für die Nahrungsmittel- und Rohstoffproduktion. Hier sind alle Bewirtschaftungsmaßnahmen auf einen hohen Produktionsausstoß gerichtet. Hohe Ernten sind im allgemeinen nur durch Amputation der Konsumentenglieder innerhalb der Nahrungskette möglich, also vor allem durch chemische Bekämpfung der Pflanzenfresser und, ungewollt, der anderen Tiere. Dies führt auch zum völligen Verschwinden räuberischer Tiere, die sonst den Bestand der Pflanzenfresser regulieren. Dadurch wird die Fähigkeit der Selbsterhaltung des Systems stark eingeschränkt. Die notwendige Stabilität muß durch zusätzlichen Energieaufwand für Unkraut- und Schädlingsbekämpfung (erstere im Hinblick auf konkurrierende Arten) sowie für Düngung und Bodenbearbeitung gewährleistet werden. Je höher die Nutzungsintensität und der Ertrag, desto kürzer ist im allgemeinen die Nahrungskette. Da es sich nicht um Kreislaufsysteme handelt, vergrößern sie die Unordnung in ihrer Umgebung vor allem durch Export nicht verbrauchter Nährstoffe und abgeschwemmter bzw. verdrifteter Pflanzenschutz- und Schädlingsbekämpfungsmittel.

Zwischen die abprodukt-intensiven Systeme der industriemäßig betriebenen Land- und Forstwirtschaft einerseits und die nicht oder schwach bewirtschafteten Ökosysteme andererseits, die zum Beispiel als Wassereinzugsgebiete für die Trinkwassergewinnung, als Naturschutz- oder als Erholungsgebiete dienen, müssen deshalb Puffer-Systeme geschaltet werden, die in der Lage sind, die genannten Stoffe zu binden oder zu eliminieren.

c) Puffer-Ökosysteme
Diese, auch Service-Systeme genannt, dienen der Entlastung und dem Schutz natürlicher Ökosysteme. Beispielsweise sind heute die Klarwasserseen auf Grund ihrer Insellage inmitten intensiv genutzter Flächen in ihrer weiteren Existenz auf Pufferzonen angewiesen, die den Nährstoffabtrag aus dem Einzugsgebiet auf ein unschädliches Ausmaß verringern. Die höchsten Abbau- und Eliminationsleistungen werden von Mikroorganismen des Bodens und der Gewässer erreicht. Die Rolle solcher Service-Ökosysteme wurde bzw. wird bisher großenteils noch von natürlichen Ökosystemen übernommen. Beispielsweise dienen die Meere noch als großer Sammeltopf vor allem für schwer oder nicht abbaubare Abprodukte. Die dort erreichte Verdünnung ist einerseits zu groß, als daß eine Rückgewinnung der betreffenden Stoffe ins Auge gefaßt werden könnte. Zum anderen erreicht jedoch die Akkumulation toxischer Substanzen in Nahrungsketten sowie die Kreislaufnutzung von Pflanzennährstoffen bereits ein solches Ausmaß, daß das biologische Gleichgewicht zumindestens im regionalen Maßstab (z. B. im Bereich der Ostsee) empfindlich gestört ist, und die Schäden hinsichtlich der fischereilichen Nutzung ein erhebliches Ausmaß erreichen

Am naheliegendsten ist es, die kommunalen, landwirtschaftlichen und anderen industriellen Abfallprodukte, soweit sie biochemisch umsetzbar sind, möglichst in die landwirtschaftliche Produktion zurückzuführen, z. B. durch Verarbeitung von Klärschlamm sowie von Bodenschlamm extrem nährstoffreicher Gewässer als Dünger, und durch Bodenbehandlung von organischen Abwässern. Dabei muß jedoch gewährleistet sein, daß eine Anreicherung von toxischen Schwermetallen und anderen potentialen gesundheitsschädigenden Substanzen in pflanzlichen Produkten, die der Ernährung von Tier und Mensch dienen, kein kritisches Ausmaß erreichen.

Zu den bekanntesten Service-Ökosystemen gehören biologische Kläranlagen für Gülle (Tab. 2.) sowie Vorsperren zur Bindung von Pflanzennährstoffen aus den Zuflüssen von

Tabelle 2
Gülleverwertung in schwach belasteten Abwasserfischteichen
(nach IVANOV u. Mitarb. 1976)

Komponente	mittlere Konzentration im Ablauf	prozentuale Änderung (%)
Schwebstoffe	100 mg/l	−99,4
Chem. Sauerstoffverbrauch	13 mg/l	−99,2
Biochem. Sauerstoffverbrauch	5 mg/l	−99,7
Ammonium	2 mg/l	−99,2
Fäkalkeime (Kolititer)	0,1...1,0	−99,9999
gelöst. Sauerstoff	12 mg/l	+1200

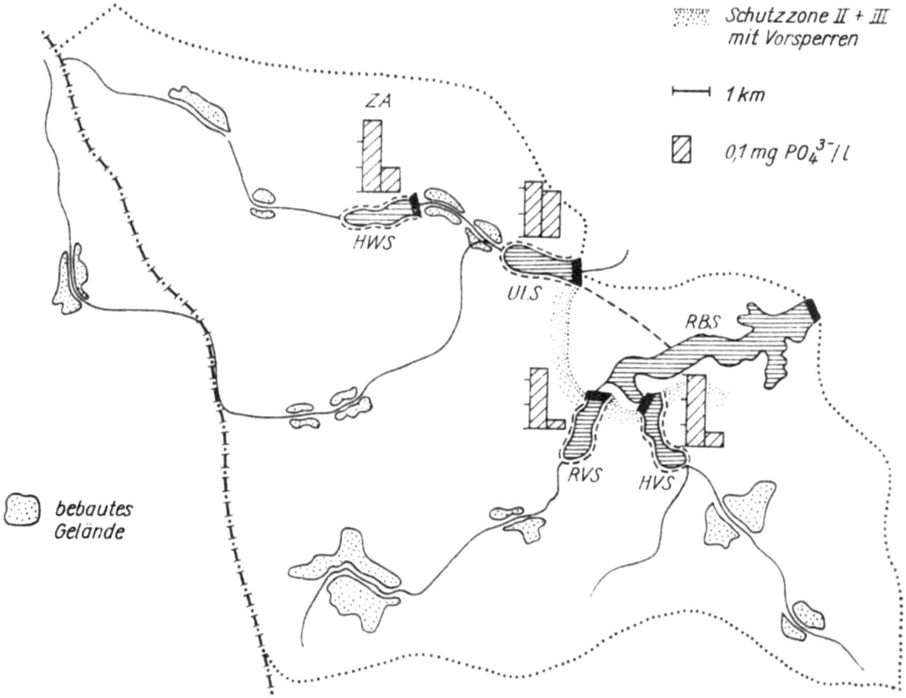

Abb. 6. Puffer-Ökosysteme (Vorsperren) im Einzugsgebiet der Ostharz-Talsperren. Wichtigste Funktion: Elimination der aus häuslichen Abwässern und der Viehhaltung stammenden gelösten Phosphorverbindungen. Säulen: Konzentration im Zulauf und im Ablauf.

RBS Rappbodetalsperre
RVS Rappbodevorsperre
HVS Hasselvorsperre
ÜLS Überleitungssperre
HWS Hochwasserschutzbecken Kalte Bode

Kombiniert nach WAGNER (1966) sowie KLAPPER und Mitarb. (1976).

Trinkwassertalsperren (Abb. 6). Für viele Fragestellungen sind jedoch gegenwärtig überhaupt noch keine Puffer-Ökosysteme ausreichender Kapazität bekannt, und der „Berg" an ungelösten Problemen ist noch im Anwachsen begriffen! Auf die Notwendigkeit, Vorkehrungen zu treffen, daß eine immer intensiver betriebene Nutzung der Naturreichtümer nicht zu einer Verschlechterung der Lebensbedingungen für künftige Generationen führen darf, hat bereits Karl Marx hingewiesen. „Selbst eine ganze Gesellschaft, eine Nation, ja alle gleichzeitigen Gesellschaften zusammengenommen, sind nicht Eigentümer der Erde. Sie sind nur ihre Besitzer, ihre Nutznießer und haben sie als boni patres familias den nachfolgenden Generationen verbessert zu hinterlassen".

3. Grundlagen der Planung und Bewirtschaftung künstlicher Ökosysteme

Da im Ökosystem die äußeren Umweltfaktoren die unabhängigen Variablen darstellen, bilden sie auch in den rechnerischen Ansätzen zur Beschreibung ihres Verhaltens die wesentlichen Einflußgrößen. Grundlage der gewünschten Produktions- oder Abbauleistungen ist ein geregelter Import und Export. Diese Größen sind auch relativ leicht einer Steuerung zugänglich. Auch bei den künstlichen Ökosystemen ist die biologische Struktur vor allem eine Funktion der Bewirtschaftungsintensität bzw. des Belastungsniveaus. Werden besonders hohe Umsatzraten gewünscht, müssen durch entsprechend hohen Import an Nährstoffen vor allem die Mikroorganismen gefördert werden.

Während bei Trinkwassertalsperren nur der „Rahmen" künstlich ist, also vor allem die Sperrmauer, hingegen die Besiedlung der Freiwasserregion weitgehend der von Seen mit ähnlichen Durchfluß- und Nährstoffbedingungen entspricht, also gewissermaßen die gesamte „Innenarchitektur" der Natur überlassen bleibt, ist bei Tropfkörpern und Belebtschlammbecken die strukturelle Ähnlichkeit mit natürlichen Ökosystemen nur noch sehr gering (Abb. 7).

Bei den anthropogenen Gewässern besteht eine Hierarchie in der Komplexität der physikalischen Struktur. An einem Ende der Stufenfolge stehen Gewässer, die als einigermaßen homogen angesehen werden können, am anderen solche, die nicht nur vertikal, sondern auch in den beiden anderen Richtungen stark gegliedert sind. — Die bei einer Bewirtschaftung unerläßlichen Schwankungen des Wasserspiegels lassen im Uferbereich nur eine geringe Entfaltung der für Seen kennzeichnenden Organismengemeinschaften zu. Handelt es sich bei anthropogenen Staugewässern somit um relativ artenarme Imitationen von Seen, die aber dennoch charakteristische Ökosysteme darstellen, muß bei Hochleistungssystemen wie Tropfkörpern und Belebtschlammbecken die Stabilität durch entsprechende technische Einrichtungen gewährleistet werden, vor allem durch zusätzliche Energiezufuhr.

Anthropogene Ökosysteme, die als biochemische Reaktoren geplant und betrieben werden können, arbeiten auf Grund ihres Selbstregulationsvermögens wartungsfrei und sind in Anbetracht ihrer Einfachheit technisch relativ gut zu beherrschen. Ebenso wie bei der Entwicklung chemischer oder biochemischer Reaktoren für die Industrie erhebt sich die Frage, inwieweit die interessierenden Vorgänge zunächst im Labormaßstab simuliert werden können, da Großanlagen, nach dem Prinzip des Versuches und Irrtums betrieben, unvertretbar hohe Kosten verursachen würden. Während Labormodelle von Tropfkörpern und Belebtschlammbecken schon lange bekannt sind, wird die modellmäßige Erfassung der Stoffumsatz- und Stofftransportprozesse anthropogener Gewässer

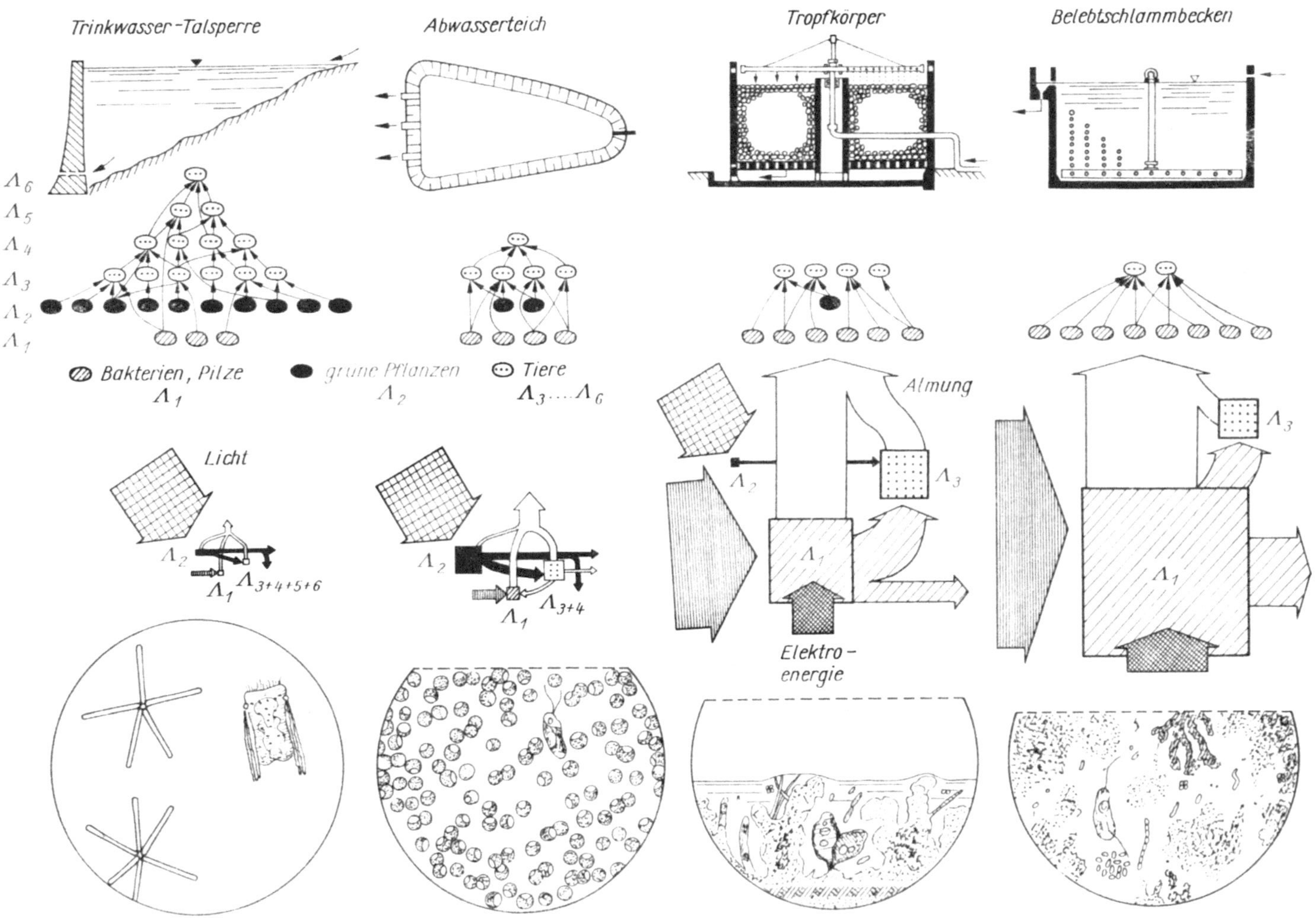

Trinkwasser-Talsperre
Abwasserteich
Tropfkörper
Belebtschlammbecken
Λ6
Λ5
Λ4
Λ3
Λ2
Λ1
Bakterien, Pilze Λ1
grüne Pflanzen Λ2
Tiere Λ3 ... Λ6
Licht
Λ2
Λ1
Λ3+4+5+6
Λ3+4
Atmung
Λ3
Elektro-
energie

erst in den letzten Jahren praktiziert. Die Anwendbarkeit blieb bisher im wesentlichen auf homogene Einphasensysteme beschränkt, d. h. auf Laborsimulatoren des Planktonwachstums (Abb. 8). Das Plankton kann dabei als eine Suspension betrachtet werden. Für die Übertragung in den großtechnischen Maßstab sind auch hier ausreichende Kenntnisse sowohl der biochemischen als auch der hydrodynamischen Ähnlichkeit mit dem „Vorbild" erforderlich.

Die sogenannten Vorsperren stellen Beispiele für Puffer-Ökosysteme dar, welche die aus landwirtschaftlichen Nutzflächen und aus wenig zusammenhängenden kleinen Wohnsiedlungen anfallenden Nährstoffe erfassen und so die Belastung eines nachgeschalteten Gewässers, z. B. eines Klarwassersees oder einer Trinkwassertalsperre, durch solche diffusen Verunreinigungsquellen verhindern. Sie arbeiten weitgehend wartungsfrei. Zu den diffusen Verschmutzungsquellen zählt auch das sogenannte „Regenwasser" aus bebautem Gelände, dessen Gehalt an organischen Substanzen und an Pflanzennährstoffen zeitweise sehr hoch sein kann.

Abb. 7. Schema der physikalischen und biologischen Struktur sowie wichtiger funktioneller Beziehungen in anthropogenen Ökosystemen zur Wasser- oder Abwasserbehandlung.

Zeile 1: Physikalische Struktur.
Die Pfeile zeigen die Richtung des Wasserdurchsatzes

Zeile 2: Verknüpfungen zwischen den Komponenten der Nahrungskette.
Λ_1 Bakterien und Pilze (Destruenten)
Λ_2 Grüne Pflanzen (Produzenten)
Λ_3 Pflanzen- und bakterienfressende Tiere (Primärkonsumenten)
Λ_4 Sekundärkonsumenten
Λ_5 Tertiärkonsumenten
Λ_6 Endkonsumenten
Die trophischen Stufen Λ_4 bis Λ_6 werden durch räuberisch lebende Tiere vertreten.

Zeile 3: Der Energiefluß innerhalb der Nahrungskette. Die Fläche der Quadrate kennzeichnet den Gehalt an potentieller (chemischer) Energie (J/cm^3) der betreffenden Organismen, bezogen auf die Volumeneinheit des Reaktors. Die Breite der Pfeile kennzeichnet das Angebot bzw. den Transport von Energie (J/cm^2 · d):
a) Lichtenergie für Photosynthese, davon nur geringer Anteil genutzt
b) potentielle Energie (organische Substanzen des Abwassers; senkrecht schraffiert)
c) Wärmeenergie, die durch Abbau- und Atmungsprozesse freigesetzt wird und verlorengeht
d) Elektroenergie für Stofftransport (Pumpen, Druckluft, Durchmischen)

Zeile 4: Kennzeichnende Organismen:
Trinkwassertalsperre: Phytoplankton (Beispiel: Kieselalge *Asterionella*)
Zooplankton (Beispiel: Rädertier Polyarthra)
Abwasserteich: Phytoplankton (Beispiel: Grünalge Chlorella, Grüne Geißelalge *Chroomonas*). Auch Zooplankton zeitweise sehr häufig.
Tropfkörper: „Biologischer Rasen" aus Bäumchenbakterien (Zoogloea), weiteren Bakterientypen, Pilzen und Glockentierchen (*Vorticella*). Der Rasen bildet auf dem Füllmaterial (z. B. Schlackebrocken) einen zusammenhängenden, für den biochemischen Abbau der Abwasserinhaltsstoffe maßgebenden Überzug.
Belebtschlammbecken: Durch intensive Durchmischung des Beckeninhaltes in Schwebe gehaltene Flocken aus koloniebildenden Bakterien und anderen Mikroorganismen, darunter Protozoen (z. B. farbl. Geißelalge Bodo).

Die Entscheidung darüber, welchen der in der chemischen Verfahrenstechnik üblichen Reaktortypen ein solches künstliches Gewässer entsprechen soll, hängt in erster Linie von dem geforderten Wirkungsgrad und der noch zulässigen Schwankungsbreite der Abflußkonzentration ab. Die Beeinflussung des Wirkungsgrades ist, wenn eine Wartung entfallen soll, nur über die richtige Bemessung des Systems möglich. Dabei muß bekannt

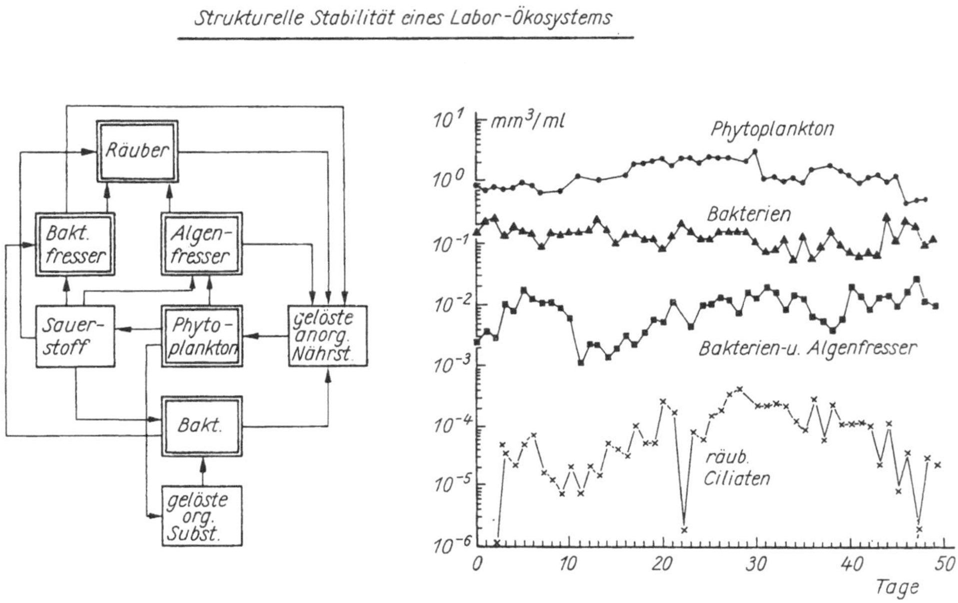

Abb. 8 links:

Verknüpfungen zwischen den biologischen und den für den Stoffumsatz maßgebenden chemischen Komponenten in einem einfachen Ökosystem. Semikontinuierliches Labormodell eines Abwasserteiches (tägliche Zugabe von Modellabwasser, Thermostatraum 20 °C, 8 Stunden Belichtung pro Tag).

rechts:

Zeitliche Änderungen in der Biomasse der vorherrschenden Organismengruppen (als Biovolumen) Nach UHLMANN, MIHAN und KUCHTA (1980), verändert.

sein, welche Umweltfaktoren bei einer Zu- oder Abnahme ihrer Intensität die Leistung des Systems in welchem Umfang beeinflussen. Es handelt sich dabei entweder um eine Leistungsbegrenzung durch sogenannte *Ressourcen-Faktoren* wie z. B. Nährstoffkonzentration oder Angebot an photosynthetisch wirksamer Lichtenergie, oder durch *Verlustfaktoren*, vor allem die Freßleistung durch Tiere, die in den Gewässer-Reaktoren oft gefördert wird, um z. B. den Gehalt des für die Trinkwassergewinnung unerwünschten Phytoplanktons soweit wie möglich zu verringern. (Bei Agrar-Ökosystemen wird umgekehrt der Verlust durch Fraß weitestgehend verhindert, durch Anwendung von Schädlingsbekämpfungsmitteln) — Schließlich ist noch eine mögliche Leistungsbegrenzung durch die gegebene Geschwindigkeit der Stofftransportprozesse zu berücksichtigen. In wartungsfreien Systemen ist ein entsprechender Einfluß nur über die natürliche Durchmischung des Wasserkörpers durch den Wind sowie die Ausnutzung der kinetischen Energie des zufließenden Wassers möglich. Alle diese Wirkungen können durch Systeme von Differentialgleichungen beschrieben und bis zu einem gewissen Grade auch für noch nicht existierende Gewässer abgeschätzt werden. Im Rahmen des vorliegenden Beitrages besteht keine Möglichkeit für eine detaillierte Darstellung. — Im folgenden sollen nur die vom Hydrobiologen vorgegebenen und dem planenden Ingenieur zur Verfügung stehenden Variablen näher gekennzeichnet werden, deren Bemessung über die Art und Größe der Stoffumsatzleistungen anthropogener Gewässer entscheidet.

a) *Die Tiefe des Gewässers*

Die gewählte Tiefe bestimmt das Ausmaß der Bioaktivität. Eine geringe Tiefe fördert eine hohe photosynthetische Leistung, eine große Tiefe dagegen ist dann erwünscht, wenn die Bioaktivität so klein wie möglich gehalten werden soll, beispielsweise in Trinkwassertalsperren. Die exponentielle Abnahme der Lichtintensität mit der Tiefe hat auch eine nichtlineare Abnahme der Kriterien der Bioaktivität zur Folge (Abb. 9). Akkumuliert sich die Wärmeenergie der verfügbaren Sonnenstrahlung in einer Wassersäule geringer Mächtigkeit, ist im Sommer selbst in Mittelnorwegen, auf dem 65. Breitengrad, noch eine Kultur subtropischer Fischarten möglich (Devik 1976). Soll eine vollständige Durchmischung des Wasserkörpers durch Windwirkung gewährleistet werden, darf die mittlere Tiefe einen kritischen Betrag nicht überschreiten. Da mit abnehmender Horizontabschirmung und zunehmender Oberfläche des Gewässers die Wellenhöhe zunimmt, können bei einer Ausdehnung, die 1 km wesentlich übersteigt, Wellen von mehr als 0,5 m Höhe auftreten, was für die meisten Nutzungen vermieden werden muß. Die Abhängigkeit der Stofftransportgeschwindigkeit von der Wirkung des Windes bedeutet dort, wo hohe Werte erreicht werden sollen, eine starke Abhängigkeit von der zufälligen Wirkung meteorologischer Größen. In nicht zu großen Gewässern kann mit Hilfe entsprechender Einbauten die kinetische Energie des zufließenden Wassers als zusätzlicher und nicht so stark stochastisch gestörter Antrieb für die Durchmischung genutzt werden (Steel 1975). Auf alle Fälle wird ein Durchmischungsgrad, der dem in einem Rührkessel vergleichbar ist, nur kurzfristig in relativ flachen Gewässern erreicht. Eine wesentliche Erhöhung der Durchmischungstiefe läßt sich erforderlichenfalls durch Einblasen von Druckluft erzielen. Dadurch bietet sich die Möglichkeit, die Phytoplanktonentwicklung zu steuern: Erhöht sich bei gleichbleibender Eindringtiefe des Lichtes die Durchmischungstiefe, nimmt auch die Bereitstellung von Lichtenergie für das passiv mit dem Wasser transportierte Phytoplankton ab. Der nunmehr geringere Zuwachs bewegt sich dadurch in einer Größenordnung, die von dem gleichzeitig vorhandenen Zooplankton laufend weggefressen werden kann, und der Schwebstoffgehalt des Wassers verringert sich unter Umständen bis auf das für die Trinkwassergewinnung erwünschte Ausmaß (Oskam 1978). Dadurch können die Ausgaben für den Bau oder Betrieb zusätzlicher Filteranlagen bei der Wasseraufbereitung eingespart werden. In anderen Fällen dagegen wird bewußt ein zweistöckiges System geplant, etwa mit der Zielstellung, die im oberen durchlichteten Stockwerk in Biomasse inkorporierten Nährstoffe möglichst weitgehend in das untere Stockwerk zu befördern und so ihre Mehrfachnutzung, die zu ausdauernden Massenentwicklungen von Planktonalgen führen könnte, zu verhindern. Es ist beispielsweise möglich, das Wachstum von Phytoplanktern zu begünstigen, die großen Absinkverlusten ausgesetzt sind. Auch phytoplanktonfressende Karpfenfische, deren Kotschnüre wesentlich

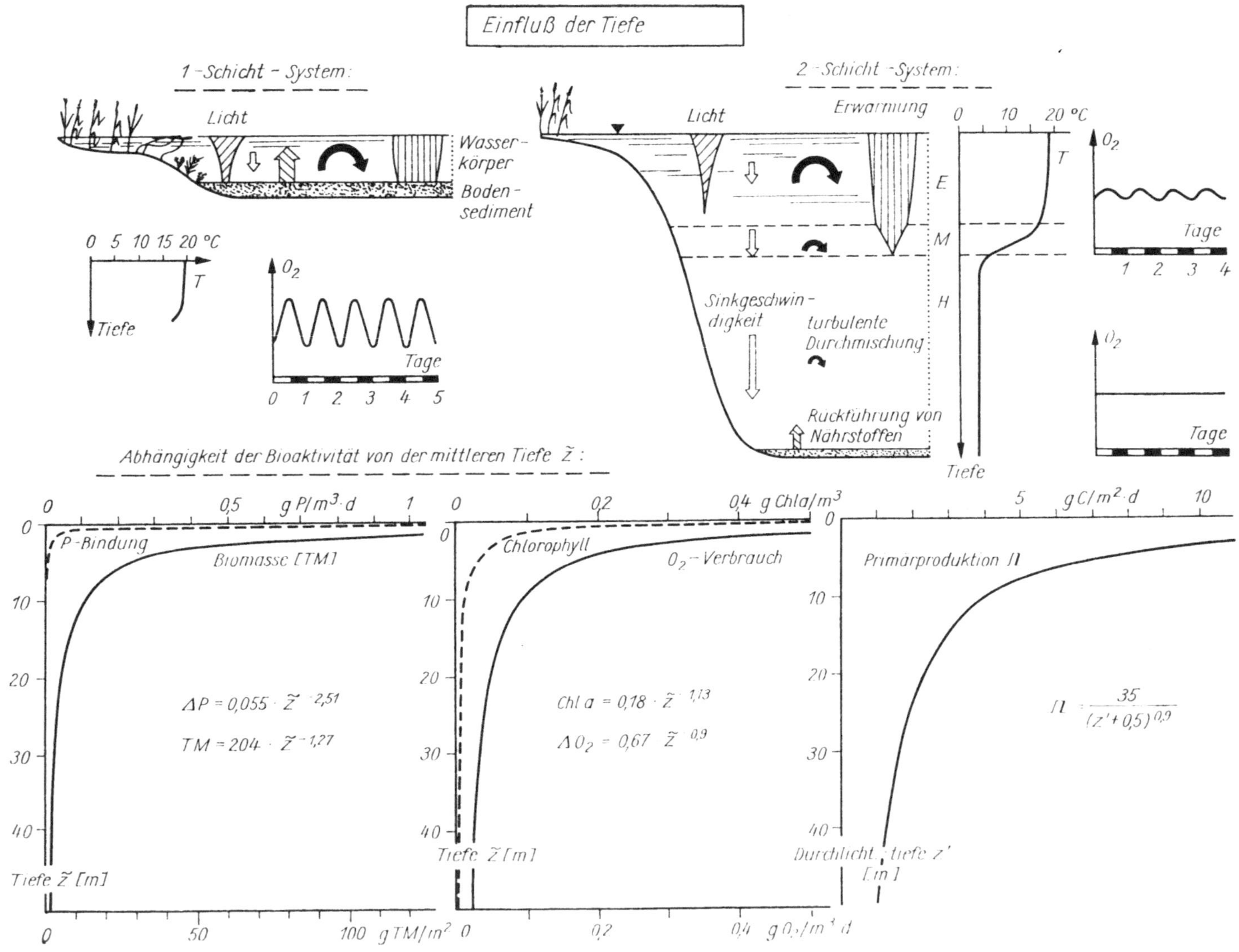

Einfluß der Tiefe
1-Schicht-System:
Licht
Wasserkörper
Bodensediment
0 5 10 15 20 °C
T
Tiefe
O_2
Tage
0 1 2 3 4 5
2-Schicht-System:
Licht
Erwarmung
E
M
H
Sinkgeschwindigkeit
turbulente Durchmischung
Ruckführung von Nährstoffen
0 10 20 °C
T
Tiefe
O_2
Tage
1 2 3 4
O_2
Tage
Abhängigkeit der Bioaktivität von der mittleren Tiefe $\tilde{z}$:
$g\,P/m^3 \cdot d$
0 0,5 1
P-Bindung
Biomasse [TM]
$\Delta P = 0{,}055 \cdot \tilde{z}^{-2{,}51}$
$TM = 204 \cdot \tilde{z}^{-1{,}27}$
Tiefe $\tilde{z}$ [m]
0 10 20 30 40
0 50 100 $g\,TM/m^2$
0 0,2 0,4 $g\,Chla/m^3$
Chlorophyll
O_2-Verbrauch
$Chl\,a = 0{,}18 \cdot \tilde{z}^{-1{,}13}$
$\Delta O_2 = 0{,}67 \cdot \tilde{z}^{-0{,}9}$
Tiefe $\tilde{z}$ [m]
0 10 20 30 40
0 0,2 0,4 $g\,O_2/m^3 \cdot d$
5 10 $g\,C/m^2 \cdot d$
Primärproduktion Π
$\Pi = \frac{35}{(z'+0{,}5)^{0{,}9}}$
Durchlichtungstiefe z' [m]
0 10 20 30 40

schneller sedimentieren als Phytoplankter, sind in diesem Zusammenhang zu erwähnen (BARTHELMES 1977). Die Intensität der für den Nährstoffnachschub maßgebenden Transportprozesse läßt sich durch Abschirmung des Windes, vor allem durch Anpflanzung von Bäumen, weiter verringern.

Sollen die niedrigen Temperaturen, die sich im unteren Stockwerk des Wasserkörpers auch den ganzen Sommer über halten, für die Zucht von Lachsfischen genutzt werden, denen das warme Oberflächenwasser nicht bekommt, ist unter Umständen eine künstliche Injektion von Luft oder reinem Sauerstoff in das Tiefenwasser angebracht, welche die bestehende thermische Schichtung nicht zerstört.

b) *Die mittlere Verweilzeit des Wassers*

Aus der mikrobiologischen Verfahrenstechnik ist bekannt, in welch hohem Maße die Durchsatzrate eines durchflossenen Reaktors die Ausbeute an produzierter Biomasse oder an einem gewünschten Produkt beeinflußt. Entsprechendes gilt, wie in den letzten Jahren auch im großtechnischen Maßstab voll bestätigt werden konnte, für künstliche Gewässer-Ökosysteme. Einer kurzen Verweilzeit des Wassers entspricht eine hohe Verdünnungsrate. Wird die kritische Verdünnungsrate überschritten, werden die Mikroorganismen schneller abgeschwemmt. als sie sich vermehren können. Wird sie umgekehrt nicht allzu stark unterschritten, erreicht die Bioaktivität, durch die Umstände „erzwungen", ein hohes Ausmaß. Durch Anwendung dieses Prinzips konnte die Bemes-

←

Abb. 9 oben

Vertikaler Gradient der Intensität maßgebender physikalischer Einflußgrößen in Seebecken unterschiedlicher Tiefe sowie Tag-Nacht-Schwankungen des Sauerstoffgehaltes.

- T Wassertemperatur
- E im Sommer erwärmtes oberes Stockwerk eines thermisch geschichteten Sees (Epilimnion)
- M thermische Sprungschicht (Metalimnion)
- H unteres Stockwerk, das von der sommerlichen Erwärmung nicht mit erfaßt wird (Hypolimnion)

Abnehmende Größe bzw. Breite der Pfeile ist ein Maß für abnehmende Intensität. Hohe O_2-Amplituden infolge starker Photosynthese und Atmung im flachen, bis zum Grund durchlichteten und durchwärmten Gewässer. Fehlende Tag-Nacht-Amplituden im Hypolimnion des thermisch geschichteten Sees (kein Eindringen von Licht- und Wärmestrahlung bis in diese Tiefe).

Abb. 9 unten

Nach Literaturangaben und eigenen Meßwerten berechneter mittlerer Gradient (Regressionskurven) ausgewählter Kriterien der Bioaktivität

$\bar{z}$ = mittlere Tiefe des Gewässers
z' = Mächtigkeit des durchlichteten Wasserkörpers (untere Grenze entspricht 1% der Lichtintensität an der Wasseroberfläche)

P-Bindung: nach UHLMANN und ALBRECHT 1968
Biomasse: nach RAWSON aus MIKULSKI 1974
Chlorophyll **a**: aus WETZEL 1975, stark verändert
O_2-Verbrauch: nach NALBANDOV u. Mitarb. (1975), stark verändert
Primärproduktion: aus UHLMANN 1978

Aufenthaltszeit des Wassers (Verdünnungsrate D)

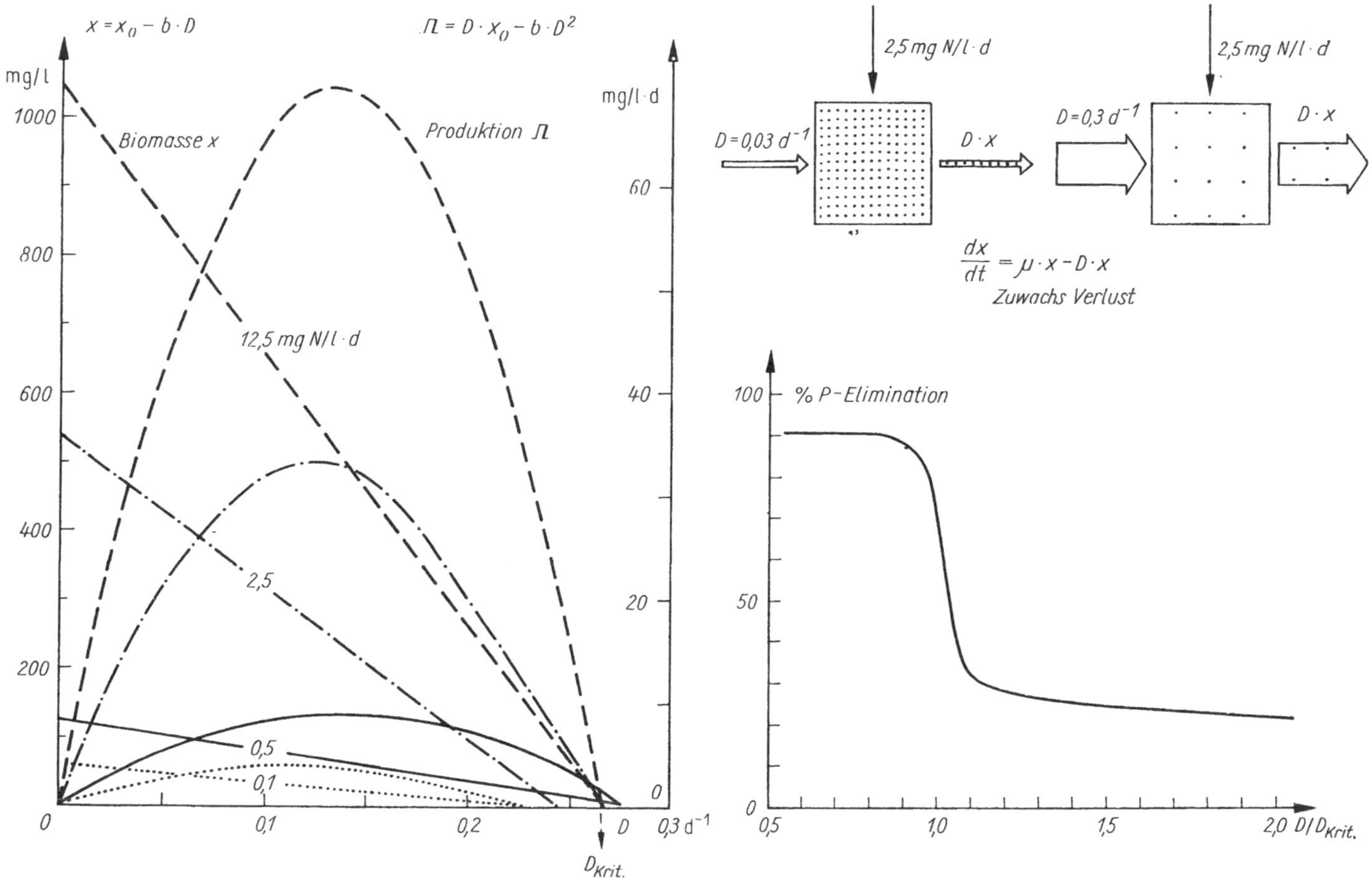

sung von Vorsperren zur Rückhaltung von Phosphorverbindungen optimiert werden (Benndorf u. M. 1975). Dadurch war eine erhebliche Einsparung an Baukosten möglich. Wie Abbildung 10 zeigt, weist die Phosphorelimination in Vorsperren zwei unterschiedliche Stabilitätsniveaus auf. Wird die für Phytoplankton maßgebende kritische Verdünnungsrate überschritten, sorgen nur noch Bakterien für eine biogene Phosphorelimination, deren Wirkungsgrad nun allerdings weitaus geringer ist.

c) *Belastung mit organischen Substanzen oder Nährstoffen*

Während eine genaue Vorhersage der biologischen Struktur, vor allem der Artenkomposition, neu zu schaffender Gewässer-Ökosysteme extrem großen Schwierigkeiten begegnet, läßt sich das Ausmaß der bei bestimmten Konstellationen der Umweltfaktoren zu erwartenden Elimination der organischen oder anorganischen Nährstoffe relativ gut mit Hilfe von Labormodellen simulieren und in den großtechnischen Maßstab übertragen (Abb. 11). Bei diesen Werten handelt es sich allerdings um Höchstwerte, wie sie für nahezu optimale hydrodynamische Bedingungen charakteristisch sind. Sie müssen den tatsächlichen Durchflußbedingungen angepaßt werden. Sehr oft herrschen in Staugewässern Durchflußbedingungen, die nicht dem eines vollständig durchmischten oder eines Pfropfstromreaktors entsprechen, sondern weitaus komplizierter sind (z. B. hydraulischer Kurzschluß).

←

Abb. 10. Einfluß der Verweilzeit des Wassers auf die Primärproduktion des Phytoplanktons.

links:

Einfluß zunehmender Nährstoffbelastung ($M \cdot V^{-1} \cdot T^{-1}$) auf Biomasse x und Produktion Π von Staugewässern.

D_{krit}: Kritische Verdünnungsrate, bei der Verluste des Phytoplanktons durch Abschwemmung größer als der Zuwachs sind

x_0: Grenzwert der Biomasse bei unendlich kleiner Erneuerung des Wasserkörpers

b: Anstieg der Geraden, die den Gehalt an Biomasse kennzeichnet. Die Produktion Π ist gleichbedeutend mit dem täglichen „Ausstoß“ an Biomasse

$$\Pi = D \cdot x \tag{1}$$

Die Gleichung $\Pi = D \cdot x_0 - b \cdot D^2$ ergibt sich durch Kombination von (1) mit der Geradengleichung $x = x_0 - b \cdot D$. Nach Uhlmann 1978, stark verändert.

rechts oben:

Schema zur Demonstration des Einflusses einer verkürzten Aufenthaltszeit des Wassers (= zunehmende Verdünnungsrate D) auf die Biomasse des Phytoplanktons bei gleichbleibender Nährstoffbelastung. μ = spezifische Wachstumsrate des Phytoplanktons (d^{-1}).

rechts unten:

Einfluß des Verhältnisses von gegebener (D) und kritischer (D_{krit}) Verdünnungsrate auf die Phosphatrückhaltung. Bei Überschreitung eines Wertes $D/D_{krit} = 1{,}0$ wird das Phytoplankton weitgehend abgeschwemmt, daher sinkt die P-Elimination bis auf ein Niveau, für das nur noch Bakterien und physikochemische Mechanismen verantwortlich sind. Nach Benndorf u. Mitarb. (1975), stark verändert.

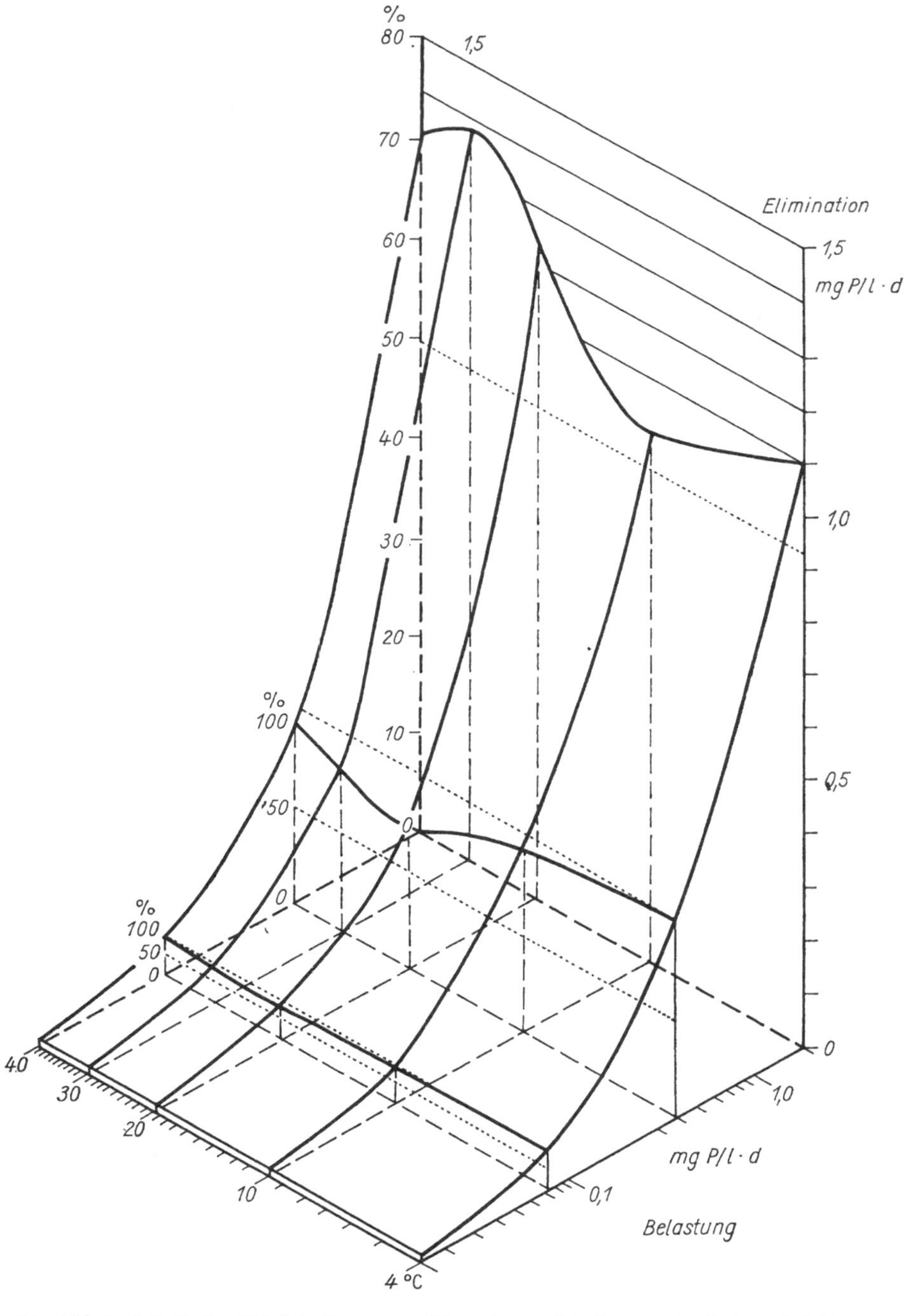

Abb. 11. Abhängigkeit der Rückhaltung von Phosphorverbindungen im Labormodell einer Vorsperre von der Temperatur und der Belastung. Der bei 20 °C zum Teil verringerte Wirkungsgrad ist durch Überhandnehmen algenfressender Zooplankter bedingt. Nach UHLMANN u. BENNDORF (1980)

Die Abhängigkeit der Stoffumsatzleistung von der Temperatur, die für die Vorhersage der jahreszeitlichen Unterschiede in der Umsetzungsrate von organischen Substanzen oder Nährstoffen erforderlich ist, läßt sich ebenfalls gut mit Hilfe von Labormodellen ermitteln.

d) *Unterteilung des Gesamtvolumens in Kompartimente*

Lassen die bisher genannten Möglichkeiten einer technischen Beherrschung der Stoffumsetzungen in anthropogenen Gewässern durchaus Zweifel dahingehend zu, ob es sich dabei nicht einfach um die großtechnische Nutzung unveränderter natürlicher Prozesse handelt, stellt die künstliche Kompartimentierung eines Gewässer-Ökosystems wirklich etwas Neues dar, das in der Natur kein Gegenstück findet.

In einstufigen Systemen hoher Bioaktivität ist die Biomasse der vorherrschenden Planktonorganismen auf Grund der vielen Rückführungen und Verknüpfungen oft extrem starken zeitlichen Schwankungen ausgesetzt, wie sie als Räuber/Beute-Beziehung schon vor Jahrzehnten von VOLTERRA (1931) und anderen Autoren beschrieben worden sind. Für eine großtechnische Nutzung bedeutet dies ein hohes Maß an Unbestimmtheit hinsichtlich der Beschaffenheit (vgl. Abb. 8). Es ist nun durch eine einfache Unterteilung des Gesamtsystems möglich, das netzartige Abhängigkeitsgefüge gewissermaßen aufzuschneiden und somit Prozesse, die sonst *neben*einander ablaufen und sich gegenseitig stören, auf räumlich *hinter*einander geschaltete Stufen einer sogenannten Kaskade zu konzentrieren. Die Regelung erfolgt jetzt nicht mehr, wie beim natürlichen System, über die verschiedenen Rückkopplungen zwischen den biologischen Komponenten, sondern wird ausschließlich durch die Art und Masse der Substanzen bestimmt, die dem jeweils folgenden Becken zugeführt werden. Sie ist weiterhin abhängig von der mittleren Verweilzeit in den einzelnen Stufen, sowie, bei einer zeitlichen schwankenden Beschikkung, von den dabei zugrunde liegenden Frequenzen. Dadurch sind jetzt gewissermaßen Ventile eingebaut, die den Materialtransport zwischen den Gliedern der Nahrungskette in beherrschbarer Weise regeln. Im Extrem ergibt sich dadurch eine Kombinationskultur aus relativ wenigen Arten (Abb. 12). Die nicht unmittelbar wirtschaftlich nutzbaren Arten können z. B. dadurch nützlich werden, daß sie Abfallprodukte verarbeiten oder Boden und Wände der Becken sauber halten.

Die Entscheidung über die Anzahl der notwendigen Kaskadenglieder hängt vor allem von dem geforderten Wirkungsgrad ab. Eine unendliche Zahl von Kaskadengliedern würde hinsichtlich der prozentualen Umsetzung des zugegebenen Substrates oder Nährstoffes den höchstmöglichen Wirkungsgrad ergeben (Abb. 13). Bereits ein 5-stufiges System gewährleistet jedoch eine gute Annäherung an diesen Höchstwert. Im übrigen spielen in den meisten für die Praxis wichtigen Fällen die *qualitativen* Unterschiede in der biologischen Struktur der aufeinanderfolgenden Glieder eine ebenso wichtige Rolle (Abb. 14). Indem für jede Stufe die für bestimmte erwünschte Arten optimale Belastung sowie Verweilzeit des Wassers ausgewählt wird, läßt sich die höchstmögliche Produktions-, Umsatz- oder Abbauleistung erzielen. Die Schwierigkeit, daß bei Überschreitung einer bestimmten kritischen Verdünnungsrate die Biomasse weitgehend ausgewaschen wird, kann durch eine kontrollierte Rückführung, wie sie z. B. auch beim Betrieb von Belebtschlammbecken praktiziert wird, überwunden werden (Abb. 15). Der Energieaufwand ist dabei relativ gering. Dies heißt, daß die Verweilzeit der Biomasse in einer bestimmten

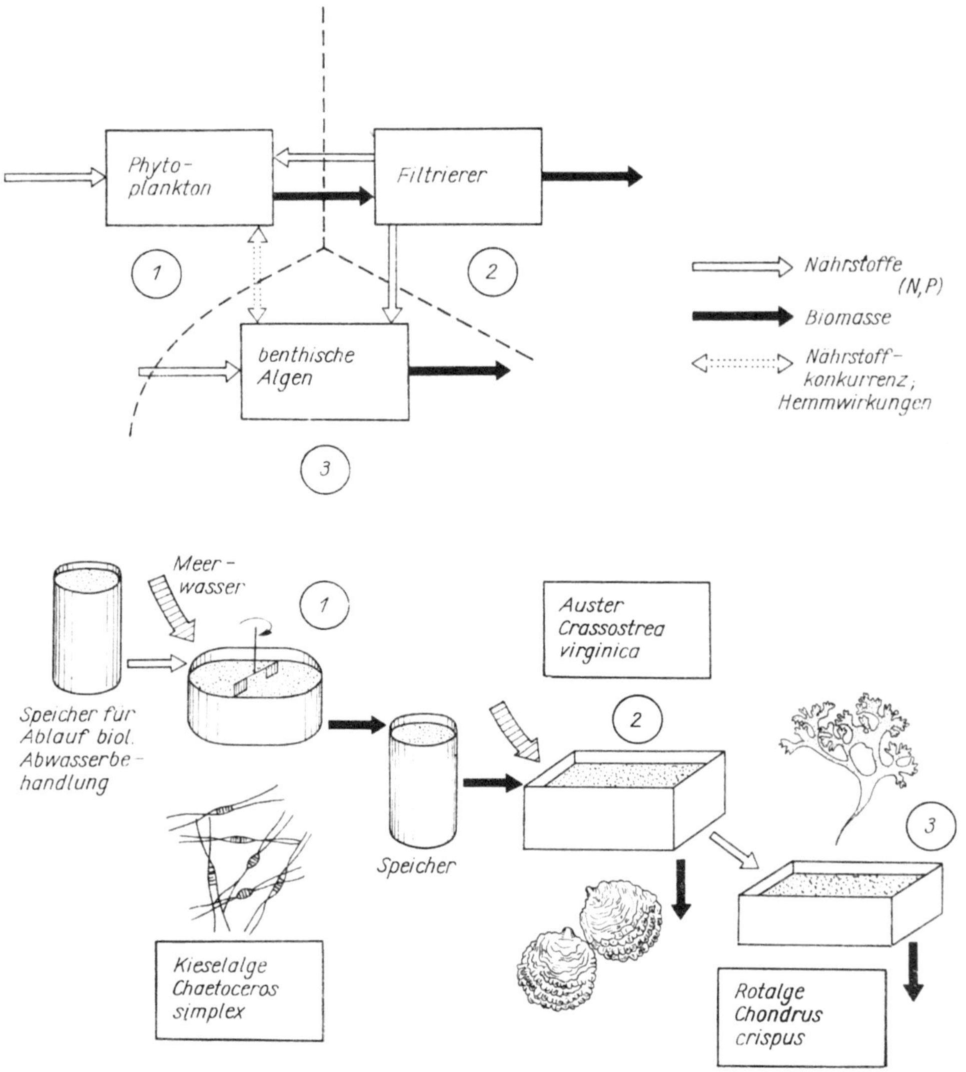

Abb. 12 oben:

Schema einer einfachen Ernährungsbeziehung zwischen Organismengruppen der Küstenregion Die gestrichelte Linie zeigt an, an welchen Stellen durch eine künstliche Unterteilung in Kompartimente (3 hintereinandergeschaltete Becken) die bestehenden Rückkopplungen unterbunden werden können

unten:

Technische Gestaltung der gleichen Ernährungsbeziehung: Als Nährstoffquelle für das Phytoplankton dient biologisch gereinigtes, stark verdünntes kommunales Abwasser. Das Phytoplankton wird in ein leichter „erntbares" Produkt (Austern) umgesetzt. Bindung der durch den Stoffwechsel der Austern freigesetzten anorganischen Nährstoffe durch die Rotalge Chondrus. Letztere ist leicht erntbar und von ökonomischer Bedeutung. Nach GOLDMAN u. Mitarb. (1974) stark verändert.

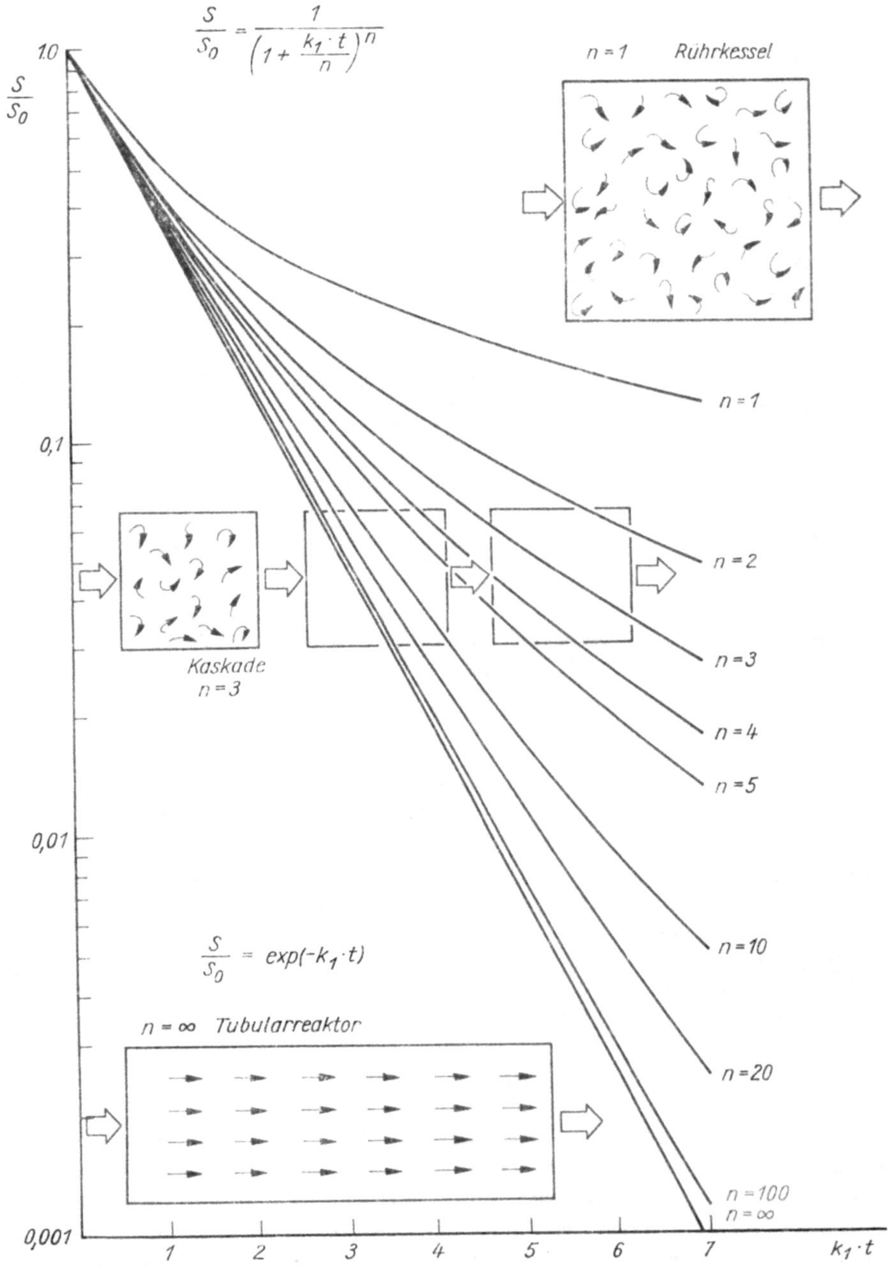

Abb. 13. Verringerung des Gehaltes einer mikrobiell abbaubaren gelösten Substanz in hintereinandergeschalteten Becken (Reaktorkaskade).

n = Zahl der Becken k_1 = Abbau-Beiwert (d^{-1}) s = Konzentration im Ablauf (mg/l)
s_0 = Konzentration im Zulauf (mg/l) t = mittlere Verweilzeit des Wasser im Becken (d)

Die Wahrscheinlichkeit, daß ein Teil der zugegebenen Nährlösung im Ablauf erscheint, ohne umgesetzt zu werden, verringert sich mit zunehmender Anzahl der Becken, Nach UHLMANN (1979) stark verändert.

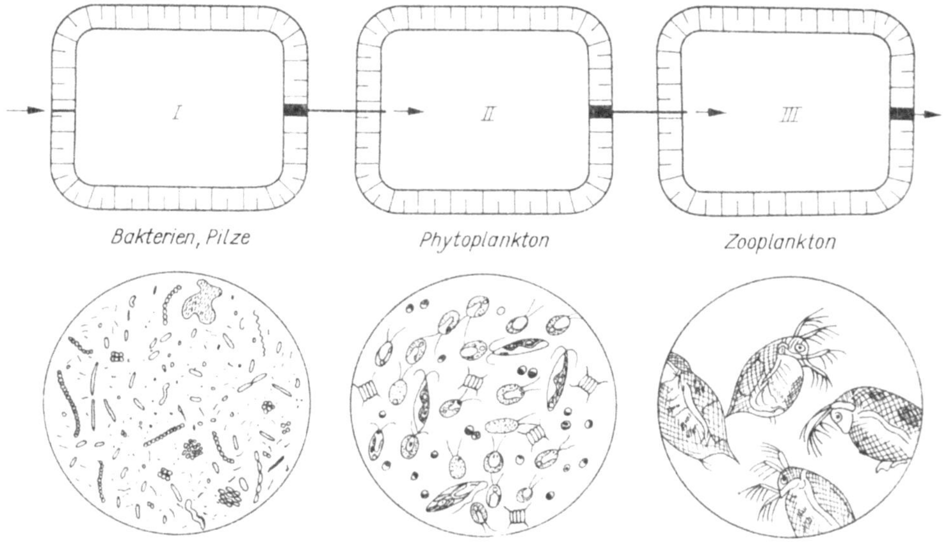

Abb. 14. Biologische Struktur und biochemische Abbauleistung von mehrstufigen Teichsystemen zur Reinigung häuslicher Abwässer.

a

In einem dreistufigen System wird in jedem Becken die Massenentwicklung anderer Organismen begünstigt.

Becken I: Hoher Gehalt an gelösten organischen Substanzen, kein gelöster Sauerstoff, nur Massenentwicklung von Bakterien.

Becken II: Hoher Gehalt an Pflanzennährstoffen (größtenteils durch mikrobielle Abbauprozesse in Becken I freigesetzt), dadurch starkes Wachstum von Phytoplanktern und hohe photosynthetische O_2-Produktion.

Becken III: Starker Import von Phytoplankton-Biomasse und ausreichende Versorgung mit Sauerstoff. Dadurch (nur in der warmen Jahreszeit) Massenentwicklung von Zooplanktern (*Daphnia*), die sich von Phytoplankton ernähren und dadurch das Wasser klarfiltrieren.

Reaktorstufe unabhängig von der Verweilzeit des Wassers geregelt werden kann. Allerdings bedeutet eine künstliche Rückführung, daß die Stabilität des Systems nicht mehr durch Selbsregulation gewährleistet wird, was bei den hintereinandergeschalteten Becken eines „Einweg-Systems" noch der Fall ist. Solche Kaskaden sind nicht nur für die Beseitigung diffus anfallender Verunreinigungen und somit als Schutz für nachgeschaltete Gewässer-Ökosysteme wichtig, sondern dienen zum Teil direkt einer Voraufbereitung von Wasser für die Trinkwasserversorgung.

Hintereinander geschaltete Becken von Experimental-Ökosystemen sind auch für die Umweltüberwachung wesentlich. Sie ermöglichen es, die Anreicherung von toxischen Substanzen innerhalb einer Nahrungskette unter sehr übersichtlichen Bedingungen nachzubilden und zu variieren, etwa im Hinblick auf die Ermittlung von Belastbarkeitsgrenzen oder von Halbwertszeiten für die einzelnen Komponenten.

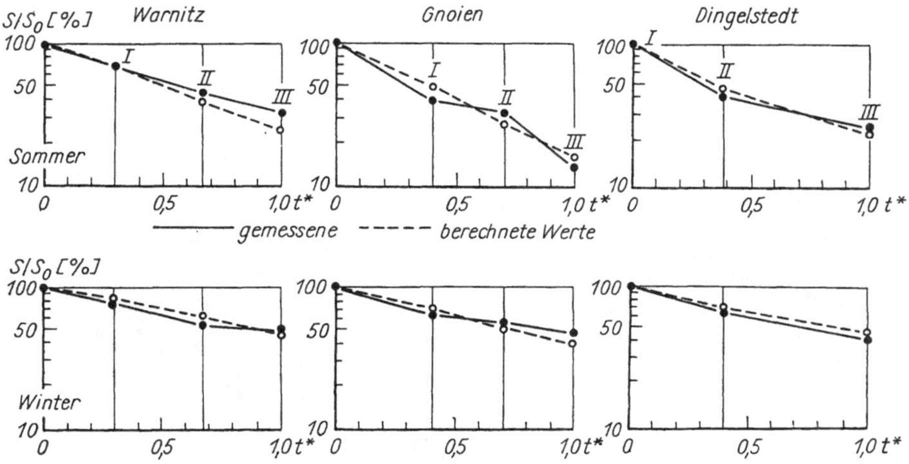

Abb. 14 b

Prozentuale Verringerung des Gehaltes an gelösten organischen Substanzen einiger Abwasserteichanlagen in den Nordbezirken der DDR.

s u. s_0 siehe Legende Abbildung 13

t^* = dimensionslose Verweilzeit des Wassers.

Der Wert 1,0 entspricht der (theoretischen) Verweilzeit im Gesamtsystem (alle Becken). Die Anlage Dingelstedt besteht aus zwei Teichen. Den berechneten Werten liegt die Gleichung

$$\frac{s}{s_0} = \frac{1}{\left(1 + \frac{k_1 \cdot t}{n}\right)^n}$$

zugrunde (siehe auch Abb. 13). Nach Uhlmann (1979), stark verändert.

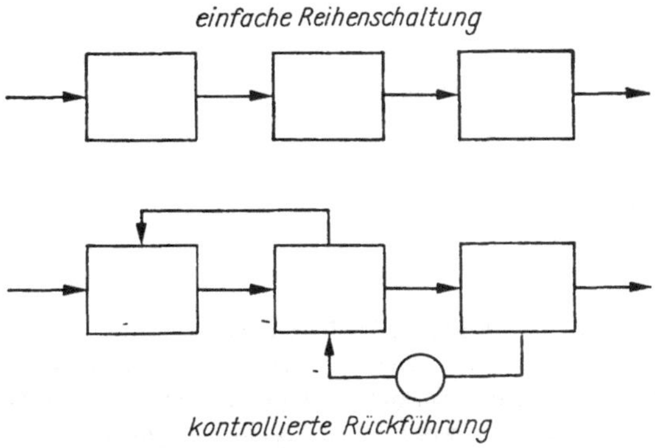

Abb. 15. Verschiedene Möglichkeiten der Kopplung hintereinandergeschalteter Glieder einer Reaktorkaskade.

4. Ausblick

Wenn bisher die Produktions-Ökosysteme einerseits und die Service- und Puffer-Ökosysteme getrennt betrachtet und natürlichen Ökosystemen mit geschlossenem Stoffkreislauf gewissermaßen diametral gegenübergestellt wurden, so geschah dies vor allem

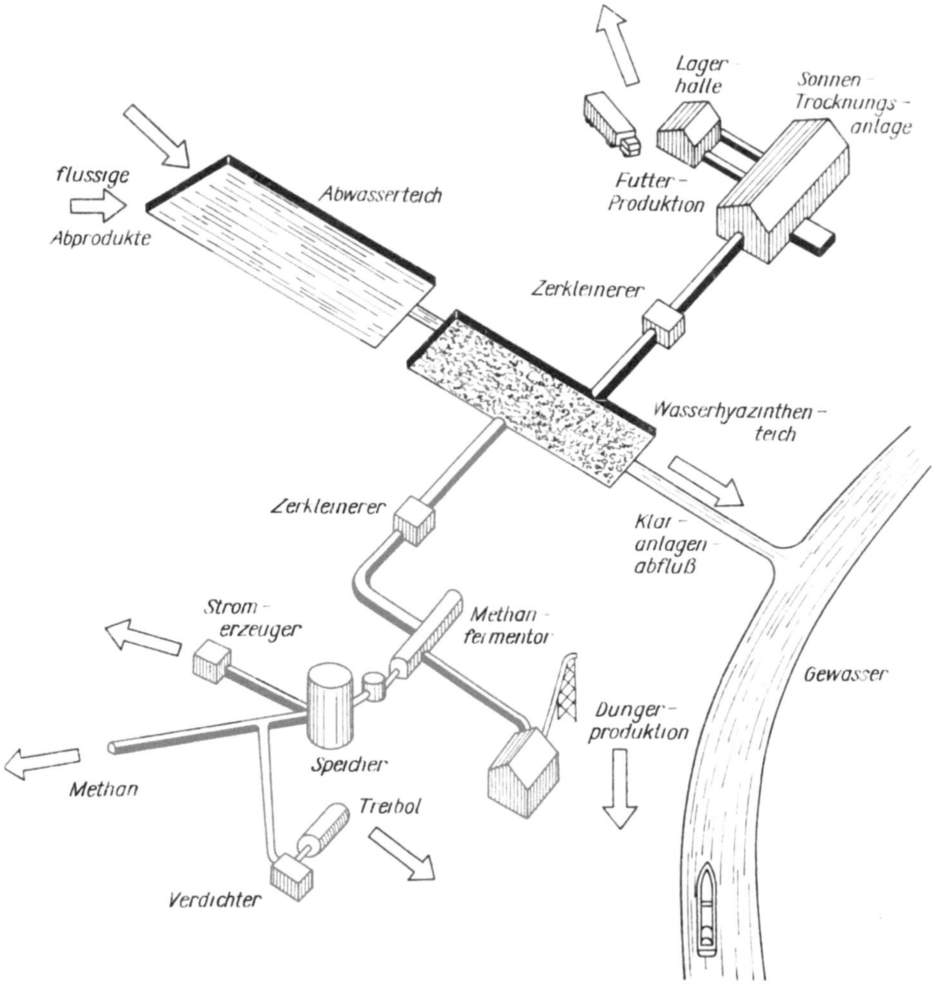

Abb. 16. Schema einer komplexen Anlage zur Verwertung flüssiger Abprodukte der Intensivhaltung von Rindern oder Schweinen. Die durch Gärungsprozesse im Abwasserteich freigesetzte Kohlensäure (CO_2, HCO_3^{2-}) wird mit Hilfe der Sonnenenergie in Biomasse von Wasserhyazinthen (*Eichhornia crassipes*) umgesetzt. Dadurch werden dem Abwasser gleichzeitig große Mengen an Stickstoff- und Phosphorverbindungen entzogen, die sonst zu einer starken Gewässereutrophierung führen. (Evtl. Nachbehandlung in weiteren Teichen, siehe Tabelle 2). Das Pflanzenmaterial kann direkt verwendet (Futterproduktion) oder in Kohlenwasserstoffe und Stickstoff/Phosphor-Konzentrat umgesetzt werden. Nach WOLVERTOM and MC DONALD (1976), verändert.

unter methodischem Aspekt. In Wirklichkeit muß auch im volkswirtschaftlichen Maßstab bei Rohstoffen, deren Vorräte sich nicht erneuern, eine Wiederverwendung erreicht und diese mit der Entlastung von Ökosystemen verbunden werden. Auf diesem Gesichtspunkt hat Schwabe (z. B. Schwabe 1975) wiederholt eindringlich aufmerksam gemacht. Für tropische und subtropische Länder steht dafür die Sonnenenergie als eine leistungsfähige Energiequelle zur Verfügung, die verstärkt dazu beitragen könnte, Abfallprodukte ganzjährig mit einem sehr hohen Wirkungsgrad einer Wiederverwendung nutzbar zu machen (Abb. 16). Im übrigen kann auch eine Kreislaufnutzung des Betriebswassers stark zur Entlastung der als „Vorfluter" dienenden Gewässer-Ökosysteme beitragen (Abb. 17).

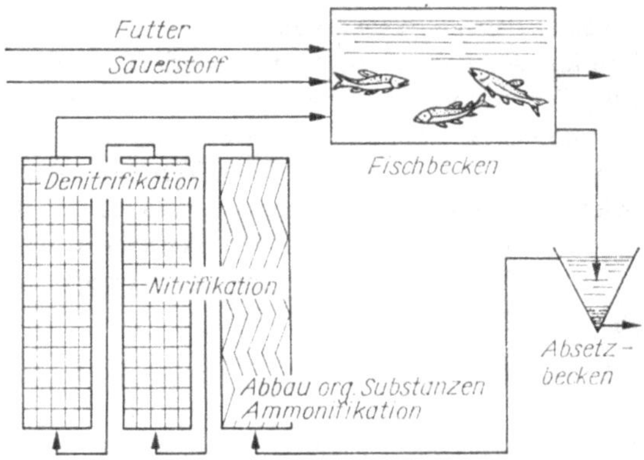

Abb. 17. Schema eines weitgehend geschlossenen („umweltfreundlichen" Systems zur Mast von Forellen. Das von Feststoffen (Kot, Futtereste) befreite (Ab)Wasser gelangt in eine dreistufige biologische Behandlungsanlage, in welcher der Gehalt an (sauerstoffverbrauchenden) gelösten organischen Stoffen sowie an (fischtoxischen) Produkten des Eiweißstoffwechsels auf ein unschädliches Maß verringert wird.

Ammonifikation: Freisetzung von Ammonium beim Abbau organischer Substanzen
Nitrifikation: Mikrobielle Umsetzung des Ammoniums zu Nitrat (Zwischenstufe: Nitrit)
Denitrifikation: Mikrobielle Umsetzung des (in hoher Konzentration ebenfalls toxischen) Nitrats zu elementarem Stickstoff

Vor 300 Jahren hob Gottfried Wilhelm Leibniz, dessen Andenken die heutige Veranstaltung gewidmet ist, in einer Studie über die Erde als Himmelskörper und Objekt der Mechanik, als wesentliche Eigenschaften die *Resistenz*, als Widerstand, der Störungen von außen entgegengesetzt wird, sowie die *Konsistenz*, die Fähigkeit, den gegebenen Zustand beizubehalten, hervor („Telluri autem nostrae consistentia pariter et resistentia inest"). Auch das Stabilitätsverhalten der Biosphäre als Ganzes und jedes einzelnen Ökosystems läßt sich kaum kürzer und treffender kennzeichnen. Bei allen Fortschritten des Wissens jedoch kennt gegenwärtig noch niemand genau genug die Stabilitätsgrenzen der Biosphäre, die im weltweiten Maßstab zur Sicherung künftiger Nutzungen eingehalten werden müssen. Während man sich kaum vorstellen kann, daß eine komplizierte teure Großanlage der chemischen Industrie nach dem Prinzip des Versuchs und Irrtums betrieben würde, weil dies nicht nur unökonomisch, sondern auch gefährlich wäre, in Anbetracht der unabsehbaren Folgen, besteht bei vielen Groß-Ökosystemen der Erde noch eine derartige Situation. Eine immer intensiver betriebene Nutzung der Naturreichtümer darf aber nicht dazu führen, daß z. B. durch unkontrollierte Eingriffe in den Wasserhaushalt ganzer Regionen das Ausmaß degradierter Flächen noch weiter zunimmt. Zur Sicherung angemessener Lebensbedingungen für die kommenden Generationen bedarf es einerseits wirksamer politischer und ökonomischer Regelungen auf nationaler und internationaler Ebene, andererseits auch einer beschleunigten Entwicklung der für die Bewirtschaftung von artenreichen Ökosystemen erforderlichen naturwissenschaftlichen und ingenieurtechnischen Grundlagen. Der entsprechende Kenntnisstand ist z. Zt. noch sehr gering. Die anthropogenen Puffer- und Service-Ökosysteme sind Beispiele für Objekte, bei denen sich die Interessen von Biologie und Verfahrenstechnik berühren, also von Wissenschaftsdisziplinen, die sich bisher weitgehend getrennt voneinander entwickelten, so daß selbst eine elementare Verständigung mit großen Schwierigkeiten verbunden sein kann. Trotz umfassender Detailkenntnisse auf bestimmten Gebieten der Land-, Forst- und Wasserwirtschaft gibt es bisher keine leistungsfähige Ökotechnik oder äquivalente Arbeitsrichtung (die Bezeichnung ist nebensächlich) im Sinne einer stark biologisch/ökologisch und auf das Verständnis der maßgebenden Kausalbeziehungen orientierten ingenieurtechnischen Disziplin. Im Rahmen dieses Vortrages wurde versucht, nachzuweisen, daß bereits eine Reihe von praktischen Erfahrungen existieren, die einer solchen Arbeitsrichtung zugeordnet werden könnten.

LITERATUR

BARTHELMES, D.: Zur Phosphatregeneration durch Silberkarpfen (Hypophthalmichthys molitrix) Acta hydrochim. hydrobiol., Berlin **5** (1977), 67–73

BENNDORF, J. u. Mitarb.: Die Funktion der Vorsperren zum Schutz der Talsperren vor Eutrophierung. WWT **25** (1975), 19–25

DEVIK, O. (Edit).: Harvesting Polluted Waters Waste—Heat and Nutrient Loaded Effluents in the Aquaculture. Plenum Press, New York and London 1976

ENGELS, F.: Dialektik der Natur. In: Marx/Engels Werke 20, 452–453, Berlin 1962

FARNWORTH, E. G. and F. B. GOLLEY: Fragile Ecosystems. Evaluation of research and applications in the Neotropics. Berlin, Heidelberg, New York (Springer) 1974

GOLDMAN, J. C., K. R. TENORE, J. H. RYTHER and N. CORNIN: Inorganic nitrogen removal in a combined tertiary treatment marine aquaculture systems. I. Removal Efficiencies. Water Research **8** (1974), 45–54

GRICE, G. D. a. assoc.: Study of stress on plankton ecosystems. Hegol. Wiss. Meeresunters. **30** (1977), 122–000

HANSON, J. A. (Edit): Open Sea Mariculture. Perspectives, Problelms and Prospects. Dowden, Hutchinson a. Ross. Inc. Stroudsburg, Pennsylvania, 1974

HASLER, A. D. (Hrsg.): Man in the living environment. Rep. of the workshop in Global Ecological Problems. Inst. of. Ecology, Madison, Wisconsin 1972

IVANOV, A. I., Y. A. KOLTYPIN und E. A. TARASOV: Gigieničeskaja ozenka rybovodno — biologičeskich prudov, ispol'zuemych dlja očistki stokov zivotnovodčeskich ferm. Gigiena i Sanitarnija **7** (1976), 99–100

JAZDOVSKIJ, V. I.: Iskusstvennaja biosfera. Moskva, Izdat. Nauka 1976

KLAPPER, H. u. Mitarb.: Talsperrenschutz, Wassergütebewirtschaftung, Seesanierung, Aktiver Umweltschutz in der DDR. Berlin (Inst. f. Wasserwirtschaft) 1976

KORRINGA, P.: Safeguards in the exploitation of domestic effluents for aquaculture. In: Harvesting Polluted Waters, edit. by O. DEVIK, London, New York, 1976, 201–209

LEIBNIZ, G. W.: Philosophische Schriften, 2. Bd., Berlin, Akad. Verlag, 1966, 1663–1672

LUKAŠEV, K. I., I. K. VADKOVSKAJA: Čelovek i biosfera. Minsk, Izdat. Nauka i. Technika 1976

MARX, K.: Das Kapital Bd. III. In: Marx-Engels, Werke Bd. **25**, 284, Berlin 1965

MIKULSKI, J. S.: Biologia Wod Śródladowych. Warszawa 1974

NALBANDOV, F. R. u. Mitarb.: Rasčet biochimičeskogo potreblenija kisloroda na meridional'nom razreze v indiiskom okeane. In: Sammelband: Chimiko-okeanografičeskie issledovanija morei i okeanov, p. 46 ff., Moskva, Izdat. Nauka 1975

OSKAM, G.: Light and zooplankton as algae regulating factors in eutrophic Biesbosch reservoirs. Verh. int. Ver. Limnol. **20**, 1612–1618, 1978

OTHMER, D. F., O. A. ROELS: Power, Freshwater and food from cold, deep sea water. Science (Washington) 182 (1973), 121–125

PRETSCHER, Peter: Hinweise zur Gestaltung eines Libellengewässers. Europäische Feuchtgebietskampagne 1976. Natur und Landschaft **51** (1976) 249–251

SCHWABE, Kurt: Umweltschutz und Rohstoffprobleme. In: LOHS, DÖRING, Im Mittelpunkt — der Mensch. Berlin 1975, 246–257

STEEL, J. A.: The management of Thames Valley reservoirs. Sympos. ,,The effects of storage on water quality" Reading. Proc. Water Research Centre 1975, 371—419

UHLMANN, D.: The upper limit of phytoplankton production as a function of nutrient load, temperature, retention time of the water, and euphotic some depth. Int. Rev. ges. Hydrobiol. **63** (1978), 353—363

UHLMANN, D.: BOD removal rates of waste stabilization ponds as a function of loading, retention time, temperature and hydraulic flow pattern. Water Research **13** (1979), 193—200

UHLMANN, D., E. ALBRECHT: Biogeochemische Faktoren der Eutrophierung von Trinkwassertalsperren. Limnologica **6**, (1968) 225—245

UHLMANN, D.; J. BENNDORF: The use of primary reservoirs to control eutrophication caused by nutrient inflows from non-point sources. In: N. Duncan a. I. Rzoska (Edit.), Proceedings UNESCO/MAB Regional Workshop ,,Land use impacts on lake and reservoir ecosystems, Warszawa 29. 5.—2. 6. 78. Wien (Facultas-Verlag), 152—188

UHLMANN, D., H. MIHAN, M. KUCHTA: Experimentation with plankton ecosystems on the basis of semicontinuous or continuous cultivation methods. Proceed. 7th Internat. Sympos. on Continuous Cultivation of Microorganisms Prague July 10—14, 1980 (in press)

VOLTERRA, V.: Lecons sur la théorie mathématique de la lutte pour là vie. Paris 1931

WAGNER, G. (Hrsg.): Ostharztalsperren. Gigant der Wasserwirtschaft. Leipzig (Urania-Verlag) 1966

WETZEL, R. G.: Limnology. Philadelphia, Saunders 1975

WOLVERTON, B., R. MCDONALD: Don't waste waterweeds. New Scientist **71** (1976) No. 1013, 318 bis 320

ABHANDLUNGEN DER SÄCHSISCHEN AKADEMIE DER WISSENSCHAFTEN ZU LEIPZIG

Mathematisch-naturwissenschaftliche Klasse

Band 49

Heft 1 Dr. Ernst-Gerhard Mahn, **Vegetationsaufbau und Standortverhältnisse der kontinental beeinflußten Xerothermrasengesellschaften Mitteldeutschlands**
1965. 138 Seiten — 24 Abbildungen, davon 20 auf 8 Kunstdrucktafeln — 37 Tabellen 4° — M 30,60

Heft 2 Prof. Dr.-Ing. Dr. h. c. Kurt Schwabe, **Elektroenergie und Brennstoffelemente**
1966. 19 Seiten — 13 Abbildungen — 8 Tabellen — 4° — M 4,20

Heft 3 Prof. Dr. Dr. h. c. Maximilian Klinkowski, **Die Phytoalexin-Theorie von K. O. Müller**
1966. 23 Seiten — 15 Abbildungen — 4° — M 3,70

Heft 4 Felix Lampadius und Dankward Bockmann, **Erfahrungen zur Abwehr von chronischen Rauchschäden mit waldbaulichen Mitteln im westsächsischen Hügelland**
1967. 20 Seiten — 9 Abbildungen auf 4 Kunstdrucktafeln — 11 Tabellen — 4° — M 3,50

Heft 5 **Internationales Symposium Brennstoffelemente, Dresden, 29. 3.—1. 4. 1967**
Herausgegeben von Prof. Dr.-Ing. Dr. h. c. Kurt Schwabe unter Mitarbeit von Dr. E. Winkler
1968. 366 Seiten — 228 Abbildungen — 40 Tabellen — 4° — M 48,—

Band 50

Heft 1 Prof. Dr. Peter Friedrich Matzen, **Probleme der operativen Skoliosenbehandlung**
1968. 26 Seiten — 29 Abbildungen — 4° — M 9,50

Heft 2 Dr. Oskar Intrau, **Kompositionstafeln quaternärer quadratischer Formen**
1970. XXIV, 121 Seiten — 4° — M 16,20

Heft 3 Felix Lampadius, **Der Burkhardtswald bei Aue als klassisches Beispiel waldbaulicher Rauchschadenabwehr**
1969. 24 Seiten — 1 Faltkarte — 6 Tabellen — 4° — M 4,50

Heft 4 Dr. habil. Günter Sachse, **Die Reinigung radioaktiv kontaminierter Abwässer durch Kontaktenthärtung und Ionenaustausch**
1971. 132 Seiten — 91 Abbildungen, davon 60 auf 23 Kunstdrucktafeln — 67 Tabellen 4° — M 26,—

Band 51

Heft 1 **Beiträge zur Chemie und Technologie der Brennstoffe**
Gedenkschrift für Prof. Dr. techn. habil. Anton Lissner
Herausgegeben von Prof. Dr.-Ing. Dr.-Ing. eh. Erich Rammler
1971. 146 Seiten — 1 Titelbild — 57 Textabbildungen, davon 6 auf 3 Tafeln — 35 Tabellen — 4° — M 26,—

Heft 2 Dr. Günter Herrmann, **Beiträge zur Bestimmung von Schwefeldioxid in der Atmosphäre und Herstellung von Schwefeldioxid-Luft-Gemischen**
1971. 179 Seiten — 74 Abbildungen, davon 13 auf 10 Kunstdrucktafeln — 41 Tabellen 4° — M 29,—

Heft 3 Prof. Dr. med. Georg Merrem, **Die parasagittalen Meningiome**
Zum Gedächtnis des Begründers der deutschen Neurochirurgie Prof. Dr. Fedor Krause 1857—1937
1971. 38 Seiten — 20 Abbildungen — 1 Tabelle — M 10,—

Heft 4 Prof. Dr. Maximilian Klinkowski, **Epidemien und Pandemien pflanzenpathogener Krankheitserreger in ihrer Beziehung zum Menschen**
1971. 54 Seiten — 41 Abbildungen — 4 Tabellen — 4° — M 10,70

Heft 5 Prof. Dr. Gustav E. R. Schulze und Dr. Peter Paufler, **Die plastische Verformung „spröder“ intermetallischer Verbindungen und ihre Elementarprozesse**
1972. 24 Seiten — 14 Abbildungen — 11 Tabellen — 4° — M 5,40

Band 52

Heft 1 Prof. Dr. Kurt Mothes, **Über sekundäre Pflanzenstoffe**
1972. 29 Seiten — 18 Abbildungen — 4° — M 5,50

Heft 2 Prof. Dr. Dietrich Uhlmann, **Störungen des biologischen Gleichgewichts in Gewässern**
1973. 17 Seiten — 16 Abbildungen — 4° — M 4,50

Heft 3 Felix Lampadius, **Beitrag zum Nachweis der Wertminderung des Waldes als Folge von Immissionseinwirkung**
1974. 27 Seiten — 4 Abbildungen — 8 Tabellen — 4° — M 6,50

Heft 4 Dr. Manfred Klose, **Beiträge zur D- und V-Struktur von Wasser und speziellen wäßrigen Elektrolytlösungen**
1974. 63 Seiten — 22 Abbildungen — 21 Tabellen — 4° — M 16,—

Heft 5 Prof. Dr. med. Horst Hanson, **Eiweißumsatz und Differenzierungsvorgänge tierischer Zellen**
1974. 26 Seiten — 13 Abbildungen — 9 Tabellen — 4° — M 6,—

Band 53

Heft 1 **3. Internationales Symposium über Probleme der Passivität von Metallen**
(Technische Universität Dresden, 29.—31. 5. 1975)
1979. 171 Seiten — 150 Abbildungen, davon 26 auf 10 Tafeln — 27 Tabellen — 4°
M 42,—

Heft 2 Prof. Dr. Lothar Jentsch, **Zur Existenz von regulären Lösungen der Elastostatik stückweise homogener Körper mit neuen Kontaktbedingungen an den Trennflächen zwischen zwei homogenen Teilen**
1977. 45 Seiten — 4° — M 18,—

Heft 3 Prof. Dr.-Ing. Dr. h. c. mult. Kurt Schwabe und Dr. Christian Queck, **Freie Überführungsenthalpien von Einzelionen aus Wasser in organische Solventien. Eine kritische Übersicht**
1979. 104 Seiten — 38 Abbildungen — 47 Tabellen — 4° — M 22,—

Heft 4 Dr. Karl Strehmel, **Näherungsmethoden zur Ermittlung von transsonischen Profilströmungen mit Verdichtungsstößen**
1978. 78 Seiten — 25 Abbildungen — 4° — M 23,—

Band 54

Heft 1 Prof. Dr. phil. Ernst Neef, **Analyse und Prognose von Nebenwirkungen gesellschaftlicher Aktivitäten im Naturraum**
Mit Beiträgen von A. Bernhardt, K. D. Jäger und K. Mannsfeld
1979. 70 Seiten — 7 Abbildungen — 1 Falttafel — 2 Tabellen — 4° — M 13,50

Heft 2 Dr. Gunter Kabisch, **Schwingungsspektroskopische und Kernresonanzuntersuchungen an Tetraalkylammoniumsalzlösungen**
1979. 71 Seiten — 29 Abbildungen — 11 Tabellen — 4° — M 14,—

Heft 3 Prof. Dr. Dietrich Uhlmann, **Künstliche Ökosysteme** *Vorliegendes Heft*

Bis Band 48 vom Zentralantiquariat der Deutschen Demokratischen Republik, Leipzig, ab Band 49 vom Akademie-Verlag, Berlin, zum Teil noch lieferbar

Bestellungen einzeln oder zur Fortsetzung durch eine Buchhandlung erbeten

AKADEMIE-VERLAG

DDR - 1080 Berlin, Leipziger Straße 3—4

FSC
www.fsc.org
MIX
Papier | Fördert
gute Waldnutzung
FSC® C083411

Zeitfracht Medien GmbH
Ferdinand-Jühlke-Straße 7
99095 Erfurt, Deutschland
produktsicherheit@kolibri360.de